建筑工业化实用技术

主　编　钟吉祥
副主编　陆　波

中国建筑工业出版社

图书在版编目（CIP）数据

建筑工业化实用技术/钟吉祥主编. —北京：中国
建筑工业出版社，2017.3
ISBN 978-7-112-20391-8

Ⅰ.①建… Ⅱ.①钟… Ⅲ.①建筑工业化 Ⅳ.①TU

中国版本图书馆 CIP 数据核字（2017）第 026855 号

建筑工业化实用技术

主　编　钟吉祥

副主编　陆　波

*

中国建筑工业出版社出版、发行（北京海淀三里河路9号）

各地新华书店、建筑书店经销

北京佳捷真科技发展有限公司制版

廊坊市海涛印刷有限公司印刷

*

开本：850×1168毫米　1/32　印张：5½　字数：149千字
2017年6月第一版　2017年6月第一次印刷
定价：**22.00**元
ISBN 978-7-112-20391-8
（29916）

本书包括 6 章。分别是：建筑工业化发展概况、建筑工业化项目设计、建筑工业化构件生产技术、建筑工业化项目施工技术、建筑工业化项目施工质量控制、建筑工业化项目安全管理等内容。本书的编写旨在指导工程技术人员进行具体的建筑工程工业化项目的设计、生产、施工。

本书可供从事建筑施工企业、部品生产企业的技术人员、管理人员使用。也可供从事建筑工业化研究、设计人员参考。

责任编辑：胡明安
责任设计：王国羽
责任校对：李欣慰　焦　乐

前　言

近年来，我国城市化进程加速推进，使得住宅等建筑工程项目迫切需要实现标准化、工业化和集约化的生产，特别是在未来劳动力成本日益增加的发展趋势下，传统的粗放型施工方式向标准化和装配化发展成为必然。

研究实施装配整体式工业化建筑体系，符合我国目前正在推行实施的建筑产业化政策要求，不但可以提高工程质量和品质，而且还可以最大限度地满足节能、节地、节水、节材和保护环境（"四节一环保"）的绿色建筑设计和施工要求。

BIM技术的应用使工程项目信息充分共享、无损传递，可大幅度提高建筑工程的集成化程度，促成建筑业生产方式的转变，提高投资、设计、施工乃至整个工程生命期的质量和效率，使工程技术和管理人员能够对各种建筑信息做出高效、正确的理解和应对，为多方参与的协同工作提供坚实基础，并为各参与方的决策提供可靠依据。

本书的编写旨在指导工程技术人员进行具体的建筑工业化项目的设计、生产、施工。分为：建筑工业化发展概况、建筑工业化项目设计、建筑工业化构件生产技术、建筑工业化项目施工技术、建筑工业化项目施工质量控制、建筑工业化项目安全管理，共6章。

本书由钟吉祥主编、陆波副主编。参加编写的有：龙武勇、刘力、钟婷、胡明德、邹东、胡治华。

本书编写过程中结合了具体建筑工业工程化建设项目的实践经验，参考了相关书籍、杂志等资料，并得到了中国建筑西南设计研究院有限公司、成都建筑工程集团总公司、成都市第二建筑工程公司、成都建工工业化建筑有限公司、成都市规划设计研究院等企事业单位的大力支持，在此一并表示感谢。由于作者水平有限，时间仓促，书中不妥甚至错漏之处难免，恳请广大读者批评指正，以便不断修正和更新。

编　者

目　　录

第1章　建筑工业化发展概况

1.1　建筑工业化施工简介

新型建筑工业化是以构件预制化生产、装配式施工为生产方式,以设计标准化、构件部品化、施工机械化为特征,能够整合设计、生产、施工等整个产业链,实现建筑产品节能、环保、全生命周期价值最大化的可持续发展的新型建筑生产方式。

第一,新型建筑工业化是以信息化带动的工业化。新型建筑工业化的"新型"主要是新在信息化,体现在信息化与建筑工业化的深度融合。进入新的发展阶段,以信息化带动的工业化在技术上是一种革命性的跨越式发展,从建设行业的未来发展看,信息技术将成为建筑工业化的重要工具和手段。主要表现在 BIM 建筑信息模型(Building Information Modeling)技术在建筑工业化中的应用。BIM 作为新型建筑工业化的数字化建设和运维的基础性技术工具,其强大的信息共享能力、协同工作能力、专业任务能力的作用正在日益显现。BIM 技术的广泛应用使我国工程建设逐步向工业化、标准化和集约化方向发展,促使工程建设各阶段、各专业主体之间在更高层面上充分共享资源,有效地避免各专业、各行业间不协调问题,有效地解决了设计与施工脱节、部品与建造技术脱节的问题,极大地提高了工程建设的精细化、生产效率和工程质量,并充分体现和发挥了新型建筑工业化的特点及优势。针对我国建筑工业化的未来发展,有必要着力推进 BIM 技术与建筑工业化的深度融合与应用,以促进我国住房和城乡建设领域的技术进步和产业升级。

第二,新型建筑工业化是摆脱传统发展模式路径依赖的工业化。新型建筑工业化是生产方式的深刻变革。长期以来，我国建筑业一直是劳动密集型行业，主要依赖低人力成本和以包代管的生产经营模式。与其他行业以及国外同行业相比，我国手工作业多、工业化程度低、劳动生产率低、工人工作条件差、建筑工程质量和安全问题时有发生、建造过程的能源和资源消耗大、环境污染严重、建筑寿命低。改革开放30多年来，我国其他门类工业都发生了根本性变革，现代化水平越来越高。比较而言，建筑业发展缓慢，分散的、低水平的、低效率的传统粗放手工业生产方式仍占据主导地位，传统模式积累的问题和矛盾日益突出。现阶段，城乡建设的传统发展模式与生产方式仍具有较强的路径依赖性，在技术、利益、观念、体制等各方面都顽固地存在着保守性和依赖性。随着我国人口红利的淡出，建筑业的"招工难"、"用工荒"现象已经出现，而且仍在不断地加剧，传统模式已难以为继，必须向新型工业化道路转轨。我们绝不能无视传统建设模式的局限性。要改变我国建筑业现状，促进我国新型建筑工业化和城乡建设发展方式的转变，必须要摆脱传统模式路径的依赖和束缚，努力寻求新型建筑工业化发展路径。

第三，新型建筑工业化是工程建设实现社会化大生产的工业化。新型建筑工业化就是将工程建设纳入社会化大生产范畴，使工程建设从传统粗放的生产方式逐步向社会化大生产方式过渡。而社会化大生产的突出特点就是专业化、协作化和集约化。发展新型建筑工业化符合社会化大生产的要求。因为建筑工业化的最终产品是房屋建筑，属于系统化的产品，其生产、建造过程必须实行协作化，必须由不同专业的生产企业协同完成；同时房屋及其产品的建造、生产必须兼具专业化和标准化，具有一定的精细程度和规模化要求。因此，发展新型建筑工业化才能更好地实现工程建设的专业化、协作化和集约化，这是工程建设实现社会化大生产的重要前提。新型建筑工业化发展是一个系统性、综合性、方向性的问题，不仅有助于促进整个行业的技术进步，而且有助于统一科研、设计、开发、生产、施工等各个方面的认识，明确目标，协调行动，进而推动整个行业的生产方式社会化。

第四，新型建筑工业化是与城镇化良性互动、同步发展的工业化。当前，我国工业化与城镇化进程加快，工业化率和城镇化率分别达到40％和6.1％，正处于现代化建设的关键时期。在城镇化快速发展过程中，我们不能只看到大规模建设对经济的拉动作用，而忽视城镇化对农民工转型带来的机遇，更不能割裂城镇化和建筑工业化的联系。在建筑工业化与城镇化互动发展的进程中，一方面城镇化快速发展、建设规模不断扩大为建筑工业化大发展提供了良好的物质基础和市场条件；另一方面建筑工业化为城镇化带来了新的产业支撑，通过工厂化生产可有效解决大量的农民工就业问题，并促进农民工向产业工人和技术工人转型。在我国建筑业正面临着生产要素成本上升、劳动力与技术工人严重短缺的现实条件下，农民工向产业工人转型将是未来中国经济新的增长点或动力源。从这个意义上看，只有促进新型建筑工业化的发展，实现建筑工业化与城镇化良性互动，才能更好地实现农村人口向城市聚集，才能保证农民工收入增长、生活稳定、工作条件，从而支撑整个城镇化进程并促进建筑业健康发展。

第五，新型建筑工业化是实现绿色建造的工业化。绿色建造是指在工程建设的全过程中，最大限度地节约资源（节能、节地、节水、节材）、保护环境和减少污染，为人们建造健康、适用的房屋。建筑业是实现绿色建造的主体，是国民经济支柱产业，全社会50％以上固定资产投资都要通过建筑业才能形成新的生产能力或使用价值，中国建筑能耗约占国家全部终端能耗的27.5％，是国家最大的能耗行业。新型建筑工业化是城乡建设实现节能减排和资源节约的有效途径、是实现绿色建造的保证、是解决建筑行业发展模式粗放性问题的必然选择。其主要特征具体体现在：通过标准化设计的优化，减少因设计不合理导致的材料、资源浪费；通过工厂化生产，减少现场手工湿作业带来的建筑垃圾、污水排放、固体废弃物弃置；通过装配化施工，减少噪声排放、现场扬尘、运输遗洒，提高施工质量和效率；通过采用信息化技术，依靠动态参数，实施定量、动态的施工管理，以最少的资源投入，达到高效、低耗和环保。绿色建造是系统工程、是建筑业整体素质的提升、是现代工业文明的主要标志。建筑工业化的绿色发展必须依靠技术支撑，必须将绿色建造的理念贯穿到工程建设的全过程。

第六，新型建筑工业化是整个行业先进的生产方式。新型建筑工业化的最终产品是房屋建筑。它不仅涉及主体结构，而且涉及围护结构、装饰装修和设施设备。它不仅涉及科研设计，而且也涉及部品及构配件生产、施工建造和开发管理的全过程的各个环节。它是整个行业运用现代的科学技术和工业化生产方式全面改造传统的、粗放的生产方式的全过程。在房屋建造全过程的规划设计、部品生产、施工建造、开发管理等环节形成完整的产业链，并逐步实现住宅生产方式的工业化、集约化和社会化。新型建筑工业化是以科技进步为动力，以提高质量、效益和竞争力为核心的工业化。新型建筑工业化之所以成为世界各国发展的大趋势，就是因为工业化可以大大提高劳动生产率、提高房屋建筑的质量和效益，促进社会生产力加快发展，使整个产业链上的资源得到优化并发挥最大化的效益。新型建筑工业化在行业中具有牵一发而动全身的作用，在推进过程中必须要掌握成套的、成熟适用的技术体系，必须要具备完整的、有机的产业链，两者缺一不可。因此，它是推动整个住房和城乡建设领域技术进步和产业转型升级的有效途径。

1.2　建筑工业化施工的特点

建筑工业化施工主要特点是建筑设计标准化、构配件生产工业化、施工装配化和机械化以及组织管理科学化。具体来讲，建筑工业化施工的特点包括以下四个方面：（1）建筑设计的标准化与体系化：建筑设计标准化，是将建筑构建的类型、规格、质量、材料、尺度等规定统一标准。将其中建造量大、使用面积广、共性多、通用性强的建筑构配件及零部件汇编成建筑设计标准图集。（2）建筑构配件生产的工业化：将建筑中量多面广，易于标准化设计的建筑构配件，由工厂进行集中批量生产，缩短生产周期。批量生产出来的建筑构配件进入流通领域成为社会化的商品，促进间建筑产品质量的提高，生产成本降低。（3）建筑施工的装配化和机械化：建筑设计的标准化、构配件生产的工厂化和产品的商品化，使建筑机械设备和专用设备得以充分开发应用。（4）组织管理科学化：针对建筑业的特点，一是设计与产品生产、产品生产与施工方面的综合协调。二是生产与经营管理方法的科学化，要运用现代科学技术和计算机技术促进建筑工业化的快速发展。

1.3 建筑工业化施工的发展现状

1993 年制定的《中国 21 世纪人居报告》中提到住宅产业，这是建筑工业化在我国最早的体现。1995 年国家启动重大科技产业工程项目："2000 年小康型城乡住宅科技产业工程"，标志着住宅产业开始收到国家关注。同年，原建设部下发了《建筑工业化发展纲要》，加快了我国建筑工业化发展步伐。1999 年，国家在总结 "2000 年小康型城乡住宅科技产业工程"成果的基础上，开始推广康居示范工程，并将其作为住宅产业化的载体和发展方向，自此我国的住宅产业化进入一个快速发展阶段。

2006 年原建设部下发《国家住宅产业化基地试行办法》，目前在全国已先后建立了国家住宅产业化基地，有近 300 多个国家示范工程项目正在实施。2011 年，住建部制定的《建筑业"十二五"发展规划》、2012 年发布的《关于推进我国绿色建筑发展的实施意见》、2013 年发改委和住建部联合下发的《绿色建筑行动方案》等文件中都明确指出要大力发展和推动建筑工业化。

上述表明我国的建筑工业化工作正在积极有效地向前推进。近年来，在三个方面取得了较大发展。

（1）工业化整体技术水平得到了交大提升。通过大力推进建筑工业化，一方面推动了我国工程建设的技术进步，同时也促进了新技术、新材料、新产品、新材料、新设备在工程建设中的广泛运用。

（2）建筑工业化尤其是住宅产业化工作的框架基本形成。全国各主要省市都成立了住宅产业化工作机构，并将住宅产业化工作列入日常工作中。近年来，北京、上海、河北、江苏、深圳、沈阳、济南、合肥等省市相继出台了《关于推进住宅产业化的指导意见》以及相应的鼓励政策，有些城市已经在实践中取得了较好成绩，在全国产生了积极影响。

（3）推荐建筑工业化的市场动力逐步增强。近年来，随着我国经济社会的发展，建筑业生产成本不断提高，劳动力与技术工日渐短缺，这从客观上促使越来越多的开发企业、设计单位、施工企业积极投身到建筑工业化工作中，把推进建筑工业化作为促使企业转型升级、降低成本、提高劳动生产率、实现可持续发展的重要途径。

1.4 建筑工业化的发展前景

由于高能耗和高消耗传统的建造方式给环境带来了巨大压力，不符合我国目前提倡的经济循环发展和可持续发展理念，而作为支柱行业的建筑业更使得建筑工业化的推广迫在眉睫。在未来一段时间内国家的政策将会支持和引导我国的建筑工业化发展，进一步加快促进建筑领域新材料、新技术的应用与发展，推进建筑节能减排工作，建设资源节约型社会。

目前国外的建筑工业化已经相当成熟，建筑工业化体系开始向大规模通用体系转变，建筑工业化更加强调标准化、体系化、专业化，建筑构配件和产品更加注重通用性，住宅模式采用社会化生产和商品化供应的方式，更加强调节能、节水、环保、资源的循环利用等，从而进入建筑工业化可持续发展。从国外发展建筑工业化的经验来看，要把建筑工业化搞上去，必须抓住以下几个主要环节。

（1）明确技术政策，全面规划，统一领导。

（2）发展建材生产，从数量和品种上满足房建需要。

（3）重视施工机械装备，发挥施工机械作用。

（4）有较完整的预制加工工业体系，为设计和施工提供有利条件。

（5）发展工业化建筑体系，把标准化提高到新的高度。

（6）通过多种途径，发展主体工程和配套工程的工业化。

（7）重视组织管理，保证建筑工业化付诸实现。

（8）加强科研、情报和教育工作，促进建筑工业化不断创新。

第2章 建筑工业化项目设计

2.1 建筑工程装配式施工的设计目标及关键技术应用

装配式建筑与传统建筑在设计方法上存在着很多不同。

1. 着眼高度不同

传统住宅项目的规划设计仅针对单独项目的需求，包括甲方条件、功能要求及审美需要等，各小区是无关联的分散个体。在装配式住宅设计中，整个小区都隶属于装配式住宅整体的宏大逻辑体系中，甚至这个体系还要影响到所有采用类似建构体系的其他小区，共享设计方法、装配构件、标准模块、标准楼栋等。因此，在装配式建筑设计之初，就需要整体考虑本小区与全部装配式住宅体系的关系及与其他装配式住宅小区的关系。

2. 目标体系差异

传统住宅与装配式住宅预期目标不同主要体现在两个方面。首先，大部分传统住宅设计项目是全新的，从任务书开始设计项目。设计以功能为导向，追求基本功能的满足和空间环境的宜居性。而现有的装配式住宅项目不仅需要着眼功能和宜居，也需要关注设计对工厂化生产和装配式施工的影响。装配式住宅设计关注轴线尺寸统一化与户型标准化，是为了减少外墙构件及楼板构件种类，提高建造效率，实现住宅功能性与经济性的统一。其次，装配式住宅的工业化特征为不同小区之间采用相同构件模块提供了可能，也为构件产品及标准化楼栋的多次利用提供了可能。

3. 涉及阶段区别

传统住宅项目在方案设计阶段一般仅涉及小区规划设计，建筑单体设计等阶段；而装配式住宅项目由于构件工厂生产、现场装配的要求及内装装配化的要求必须将设计向全过程延伸。从设计的初始阶段即开始考虑构件的拆分及精细化设计的要求，并在设计过程与结构、设备、电气、内装专业紧密沟通，实现全专业全过程的一体化设计。

在工业化生产席卷全球与国际产品标准化的社会大背景下，装配式住宅不仅体现了多工种协调合作的工业化协同趋势。同时也代表了建筑设计逐渐向建筑业全过程渗透，掌控全局的建筑设计发展方向。

4. 设计标准体系

装配式住宅相对于传统设计，区别在于更加需要建立一套相对完整的标准化设计体系。大多数的标准化设计体系由标准化户型模块及标准化交通核模块共同构成。

在户型模块方面，通过模块整理，规整了剪力墙，实现了模块内部隔墙灵活分隔；同时对有些户型的客厅和居室等空间的开间和进深进行了调整，使得功能尺寸更合理，更符合内装设计、家具布置及人体工程学的原理。同时也遵循了模数原则和优先尺寸，为内装的标准化预留了接口。

在交通核模块方面，将原有非标准交通核按产业化要求调整成为若干标准化交通核，包括了楼梯的标准化、电梯井的标准化及机电管井和走道的标准化。同时也为模块的灵活多样组合创造了条件，为后续创造多样的标准化组合平面提供了可能性。

5. 平面组合多样

装配式住宅小区的规划设计是基于标准化楼栋的规划设计，更是根植于城市周边环境的规划设计。在装配式住宅小区的规划设计中，要充分考虑城市历史文脉、发展环境等因素；考虑建筑周边环境与交通人流等因素。不同的规划条件要求不同的建筑形态和平面组合，因此多样化组合的平面系统对于规划的适应性尤为重要。装配式住宅的模块化和标准化使得各户型可多样组合，创造出板楼、塔楼、通廊式住宅等众多平面组合类型，为满足多样化规划要求提供了可能。

6. 注重系统集成

在装配式住宅设计中，系统集成的设计与运用已经成为了一种发展趋势。

系统集成的方法很多，比如在住宅系统中，将寿命较长的结构系统与寿命较短的填充体系统分离；将设备管井空间公共化、集成化也是住宅设计的理性趋势，为延长建筑寿命提供了可能。

7. 户型优化原则

户型设计的本质是创造良好空间，提高居住品质，这不仅是传统住宅户型设计的原则，更是装配式住宅户型设计的出发点。在装配式住宅户型设计中，轴线的调整和功能的微调都是为了使户型更优化，创造更为宜居的居住空间。

在户型的优化设计中，要重点实现厨房卫生间的标准化设计。利用住宅厨房卫生间已有的标准化设计和部品集成体系研究成果，不仅使得功能空间的布置更为集成优化，也为整体式卫生间的安装和性能提升提供了可能。

8. 立面多样化建构

与传统住宅项目不同，装配式住宅项目应该建立与材料特性和建构特色相适应的立面美学体系。装配式住宅设计可遵循"墙层"理论来实现立面形式的多样化。标准化的设计往往限定了几何尺寸不变的户型和结构体系，相应也固化了外墙的几何尺寸。但其色彩、光影、质感、纹理、组合及建构方式和顺序作为"墙层"要素都是可以"编辑"的。通过"墙层"的编辑，能够产生多样化的立面形式。

9. 评价体系不同

主要体现在装配式住宅设计的预期目标除传统住宅的关注点外，更关注质量、成本、工期、效果与环保的综合评价。这是一个更全面、更复杂的综合评判过程，工业化的装配式手段使得产品质量更有保障，形象效果更容易掌控；计算机辅助手段的大量应用和工厂加工的特征也使得项目的成本和工期有更好地预期。同时，工业化的生产使得一些新的环保措施得以应用。

在项目的设计阶段，预制构件的科学拆分、连接节点的处理以及 BIM 全产业链应用是项目顺利实现建造方式转变的三大关键。

（1）预制构件的科学拆分

建筑产业化的核心是生产工业化，生产工业化的关键是设计标准化，最核心的环节是建立一整套具有适应性的模数以及模数协调原则。设计中据此优化各功能模块的尺寸和种类，使建筑部品实现通用性和互换性，保证房屋在建设过程中，在功能、质量、技术和经济等方面获得最优的方案，促进建造方式从粗放型向集约型转变。

实现标准化的关键点则是体现在对构件的科学拆分上。预制构件科学拆分对建筑功能、建筑平立面、结构受力状况、预制构件承载能力、工程造价等都会产生影响。根据功能与受力的不同，构件主要分为垂直构件、水平构件及非受力构件。垂直构件主要是预制剪力墙等。水平构件主要包括预制楼板、预制阳台空调板、预制楼梯等。非受力构件包括 PCF 外墙板及丰富建筑外立面、提升建筑整体美观性的装饰构件等。

对构件的拆分主要考虑五个因素：一是受力合理；二是制作、运输和吊装的要求；三是预制构件配筋构造的要求；四是连接和安装施工的要求；五是预制构件标准化设计的要求，最终达到"少规格、多组合"的目的。

（2）连接节点的处理

连接节点的设计与施工是装配式结构的重点和难点。保证连接节点的性能是保证装配式结构性能的关键。装配式结构连接节点在施工现场完成是最容易出现质量问题的环节，而连接节点的施工质量又是整个结构施工质量的核心。因此，所采用的节点形式应便于施工，并能保证施工质量。

预制构件竖向受力钢筋的连接方式是美国和日本等地震多发

国家普遍应用的钢筋套筒连接技术。通过我国科研技术人员大量的理论、试验分析，证明了该技术的安全可靠性，并纳入我国行业标准《装配式混凝土结构技术规程》JGJ 1－2014。灌浆套筒连接技术是通过向内外套筒间的环形间隙填充水泥基等灌浆料的方式连接上下两根钢筋，实现传力合理、明确，使计算分析与节点实际受力情况相符合。

从建筑专业的角度来讲，节点处理的重点包括外保温及防水措施。"三明治"式的夹芯外墙板，内侧是混凝土受力层、中间是保温层、外侧是混凝土保护层，通过连接件将内外层混凝土连接成整体，既保证了外墙稳定的保温性能传热系数，也提高了防火等级。防水措施主要体现在板缝交接处，竖向板缝采用结构防水与材料防水结合的两道防水构造，水平板缝采用构造防水与材料防水结合的两道防水构造。

（3）BIM 全产业链应用

将 BIM 与产业化住宅体系结合，既能提升项目的精细化管理和集约化经营，又能提高资源使用效率、降低成本、提升工程设计与施工质量水平。

BIM 软件可全面检测管线之间与土建之间的所有碰撞问题，并提供给各专业设计人员进行调整，理论上可消除所有管线碰撞问题。Revit MEP 通过数据驱动的系统建模和设计来优化管道桥架设计，可以最大限度地减少管道桥架系统设计中管道桥架之间、管道桥架与结构构件之间的碰撞。

设计院应具备在产业化项目中进行全产业链、全生命周期的 BIM 应用策划能力，确定 BIM 信息化应用目标与各阶段 BIM 应用标准和移交接口，建立 BIM 信息化技术应用协同平台并进行维护更新，在产业化项目的前期策划阶段、设计阶段、构件生产阶段、施工阶段、拆除阶段实现全生命周期运用 BIM 技术，帮助业主实现对项目的质量、进度和成本的全方位、实时控制。

住宅产业化是我国建筑行业的一次深刻革命，是建筑行业发展必然趋势之一。与欧美、日本等发达国家相比，我国住宅产业化发展仍然处于初级阶段，面临管理体制滞后、技术体系不完善和建造成本高企等不利局面。在不断完善技术体系、建设住宅产业化推进激励机制的同时，要重点推行设计、施工、管理一体化，从项目策划、规划设计、建筑设计、生产加工、运输施工、设备设施安装、装饰装修及运营管理全过程统筹协调，形成完整的一体化运营模式。

2.2　建筑工程装配式施工的设计难点及细节

目前在我国广泛实施的预制装配式结构体系主要是预制装配式混凝土结构体系和钢结构体系。近几年住宅产业发展迅速，本节主要针对住宅建筑中大量使用的混凝土结构并将按照预制装配式框架结构和预制装配式剪力墙结构分别做简要的介绍。

（1）预制装配式框架结构体系的设计要点

在建筑工业化趋势中预制装配式框架结构也是较为常用的结构形式之一。由于其构件相对于预制装配式剪力墙结构要轻，预制混凝土框架结构在构件的运输上更具有优势。并且装配式框架结构也是高层框架结构体系之一，在国内外已有预制混凝土框架结构在高层中的工程应用。框架结构中的预制叠合梁和预制叠合板首先在工厂生产，运输到现场之后再现浇节点和梁端键槽。结构中的柱根据实际要求可以现浇也可以预制。根据目前国内外对预制装配式框架结构的受力机制研究成果，结构设计时应注意以下几个主要问题：

结构平面宜规则，纵横向框架柱宜对齐，梁柱中心线应对齐并在同一竖向平面内；梁柱交接处的框架节点应采用刚节点，预制框架柱底应与基础固接梁、柱混凝土强度等级不宜低于C30；要采取有效措施保证预制梁柱接头部位的焊接质量；一定要重视连接构造中预埋件的设计。在新型连接构造中预埋件是重要的传力构件，根据其处在结构中的不同部位，分别会承受弯矩、剪力及轴力的单独或共同作用，设计时应考虑最不利组合情况分别进行计算。

（2）预制装配式剪力墙结构体系的设计要点

预制装配式剪力墙结构体系是主要受力构件剪力墙、梁、板部分或全部由预制混凝土构件（预制墙板、叠合梁、叠合板）组成的装配式混凝土结构。在施工现场拼装后，采用墙板间竖向连接缝现浇、上下墙板间主要竖向受力钢筋浆锚连接以及楼面梁板叠合现浇形成整体的一种结构形式。按照工厂化程度的高低可以分为全预制剪力墙结构体系和半预制剪力墙结构体系。结构设计时除应满足现行国家标准《建筑抗震设计规范》（2016版）GB50011－2010及《高层建筑混凝土结构技术规程》JGJ3－2010等规范外，应注意以下几个主要问题：

1）平面形状宜规则，两个方向动力特性宜接近；2）结构横墙布置时，两侧端部山墙宜布置预制承重墙板，内墙可根据结构抗侧力构件需要及内力计算结果，合理布置预制承重墙板或预制轻质填充墙板。3）结构纵墙布置时，可根据结构抗侧力构件需要及内力计算结果合理布置内、外纵墙。4）结构竖向抗侧力构件通过现浇连接带、竖向主承力钢筋浆锚连接等形成整体，抗震设计时，需加强连接构造和必要的设计验算，保证其受力整体性和连续性。5）预制构件间连接设计应满足传力明确和构造可靠的要求，对有抗震设防要求的结构尚应满足抗震要求，预制构件间连接钢筋应不低于预制构件该部位不连续钢筋强度等级及直径。6）预制结构构件应分块设计，需要考虑房间的开间、进深、洞口位置、拼缝位置、现场吊装条件等综合因素。墙板高度可按一层或两层楼层高度划分，竖向接缝位置要避开暗柱位置，尽量减少构件类型及型号。7）预制构件配筋设计除应满足现行国家标准《混凝土结构设计规范》（2015版）GB50010－2010的相关规定外，尚应进行施工阶段的受力及变形验算。8）房屋的顶层、开大洞或平面复杂楼层、作为上部结构嵌固端部位的地下室顶板均应采用现浇楼盖结构。

2.3 建筑工业化项目的结构设计

1.结构优化设计的适用方法和要点

结构优化设计是在确保建筑功能和结构安全的前提下实现节能减耗的有效方法，体现在设计的专业化、标准化、精细化；通过多方案比较、多专业协作、多层次沟通、精细化设计和标准化管理，实现建筑功能、结构安全，达到建筑的综合效益最大化。在结构设计的几个阶段，结构优化设计的适用方法和要点可以概况成如下几个方面：

（1）在方案阶段，通过与建筑专业的充分沟通，对建筑的平面布置及户型、立面造型、柱网布置、分缝等提出合理的建议和可行性要求，使结构的高度、复杂程度、不规则程度均控制在合理范围内，为节能减耗争取主动权。

（2）在初步设计阶段，通过对结构体系、结构布置、建筑材料、设计参数、基础形式等内容的多方案技术经济性比较和论证，选出最优方案，整体控制土建造价。

（3）在施工图设计阶段，通过标准化的配筋原则、精确的计算把控、细致的模型调整、精细化的施工图内审及优化，进一步降低土建工程造价。

2.装配式建筑的结构优化设计思路

装配式建筑的结构优化设计除了要采用传统的方法外，还要根据其自身的特点注意以下几个方面：

（1）全过程的设计流程管理

装配式建筑项目不仅需要着眼于功能，也需要关注设计对工厂化生产和装配式施工的影响。由于构件工厂生产、运输、现场装配的要求等，装配式建筑必须将设计向全过程延伸。从设计的初始阶段就要开始考虑构件的拆分及精细化设计的要求。

目前，装配式建筑成本居高不下，其原因是多方面的，其中一个重要原因是相关企业对设计流程管控不到位，造成设计、生产、施工相互脱节，如构件拆分方案和节点构造设计不合理，增大了构件生产和施工难度等。在设计中，要确保结构设计与详图设计单位、预制构件厂家、施工单位紧密沟通、密切配合，在设计的图纸满足设计条件的要求下，在预制构件生产阶段简化生产工序，减少构件费和构件施工费；在现场施工阶段简化施工流程和施工难度，减少人工费。可引入咨询或优化单位，咨询或优化单位要起承上启下的作用，确保几家合作单位能顺畅沟通、协同配合，遇到问题能及时合理地解决，从而从源头上减少土建成本。

（2）建立建筑的标准设计体系

装配式住宅相对于传统住宅设计区别之一在于更加需要建立一套相对完整的标准化设计体系。结构的优化设计和建筑的标准化设计体系紧密联系在一起。该体系由标准化户型模块及标准化交通核模块共同构成，可减少外墙构件及楼板构件种类，提高建造效率，实现住宅功能性与经济性的统一。

在户型模块方面，对有些户型的客厅和居室等空间的开间和进深进行调整，使得功能尺寸更合理，更要符合建筑模数。

在交通核模块方面，将原有非标准交通核按产业化要求调整成为若干标准化交通核，包括了楼梯的标准化、电梯井的标准化及机电管井和走道的标准化。

装配式住宅的模块化和标准化使用各户型可多样组合，创造出楼板、塔楼、通廊式住宅等众多平面组合类型，为满足多样化规划要求提供可能。

（3）根据项目的实际情况合理选择结构技术体系

在结构设计阶段，技术体系的内容主要是与结构设计相关的技术体系。技术体系不等同于结构体系，结构体系一般指装配整体式框架结构体系、装配整体式剪力墙结构体系、叠合剪力墙体系等。技术体系是与生产工艺联系的，很多厂家都有自己的技术体系和专利产品，不同体系的应用范围不一样，价格差异也较大。平面构件如果采用预制方式，可采用叠合板和叠合梁，叠合板可采用桁架板，也可采用预应力板。剪力墙如果采用预制方式，可采用单面预制叠合剪力墙，也可采用双面预制叠合剪力墙，也可采用全预制剪力墙。剪力墙的竖向连接可采用浆锚搭接连接，也可采用灌浆套筒连接等。具体采用哪种方式要根据项目特点和具体条件来确定。

（4）把控预制构件部位及拆分

一个项目应选择哪些部位预制、哪些部位现浇，应根据项目特点、预制装配率、选定的结构体系等来确定。对装配式住宅，应该首先考虑水平构件采用预制技术（预制叠合梁、叠合板、楼梯、阳台），避免楼面施工时满堂模板和脚手架搭设，可节省造价；其次应考虑外墙保温装饰一体的预制外墙，减少外脚手架的使用，再次考虑承重和非承重内墙的预制。如有地方规定的，首先要满足地方规定对预制率和预制部位的要求。

预制构件拆分时应充分重视构件的重复率。合理拆分构件模块，利用标准化的模块灵活组合来满足建筑要求，既可以合理节省模具费，也可简化构件施工流程和安装流程。拆分时要注意构件的重量，有条件时应结合安装现场塔吊的位置来拆分构件，避免模块过重导致塔吊的不合理和费用的增加。

（5）优化预制构件节点

节点设计是装配式设计的重点和难点，节点做法直接影响建筑的使用性能和建筑的抗震能力。节点连接用的钢筋、预埋件、套筒等对成本的增加比较明显。优化预制构件之间、预制构件与现浇混凝土结构之间的节点连接，在保证建筑的使用性能和抗震能力的前提下，可节省构件成本，提高施工效率。节点连接的做法，很多厂家是不一样的，性能和费用的差异均较大，节点的优化设计至关重要。

（6）合理利用相关政策

目前因装配式建筑成本相对较高，为推进装配式建筑的发展，国家和部分省市相继出台了各种促进政策，大力推进住宅工业化的进程，使得装配式住宅的发展具有良好的外在环境和驱动力。如若在规划设计阶段对相关的政策加以利用，也会大幅度降低成本。

2.4　BIM技术在建筑工业化设计中的应用

1. BIM构件

BIM构件技术在新型工业化发展中至关重要。建筑、结构、机电的构件厂商需要将自己的产品规格、可定制化生产能力及其批量化的产品信息以BIM构件的方式，提供到公共资源平台中，设计、采购人员可依据自身的需要，自由选择合适的构件产品，以实践工业化和产业化思想的精髓。

为了实现工业化设计方式，构件需要支持建筑工程的设计、绘图、制作及安装等多功能需求，BIM构件必须包含以下几个特性：一是尺寸参数化。构件的外形尺寸可根据设计的需要进行调整，各种参数间具有自动匹配的特性；二是尺寸模数化。根据产品的特点和相关的产品规范，设置一定的模式，通过模数组合实现尺寸的多样化；三是属性参数化。将关键属性与可变参数关联，实现参数变化的联动；四是包含制造和安装信息，将标准化制造和安装所需的材料、配件、人工信息设置到构件中，实现精确的算量和估价。

2. BIM软件

在建筑工业化项目中应用BIM，软件是技术落实的关键。目前，全球有上百种BIM软件，包含设计、分析、模拟、算量、可视化、审查、数据管理等专业软件。其中，只有少数能够支持建筑工业化的应用，主要有以下几款软件：

（1）AutoCAD Architecture（简称ACA）是欧美常用的设计软件，由于其操作的简易性和灵活性，AutoCAD平台受到设计师的欢迎。ACA基于2D/3D相结合的技术，采用标准化、构件化工作模式，设计功能强大，便于多人员、多专业协同设计，是面向建筑工业化的设计软件。

（2）Autodesk Revit是国内最主流的BIM三维建模和多专

业模型综合软件，多专业模型综合能力强，与 AutoCAD 数据有较好的集成性，在设计深化阶段的模型综合和信息集成方面具有较大优势。

（3）TEKLA 精于钢结构的深化设计，与制造装配结合度高，可以实现数控加工代码的生成，通过 IFC 格式与其他软件交换数据。

（4）ALLPLAN 擅长混凝土深化设计，可进行配筋模拟、墙板预制的拆分和加工，可以实现数控加工代码的生成，通过 IFC 格式与其他软件交换数据。

3. BIM 协同

建筑工业化是采用社会化大生产的方式开展建设项目的实施，每个项目涉及的产品、专业技术门类繁多，每个项目所承载的信息量巨大，没有合适的信息交换手段，势必无法发挥工业化的优势。结合 BIM 模型的信息承载能力，以可视化的 BIM 模型为信息交换方式，实现设计、采购、建造、施工各环节协同作业，是 BIM 的最大价值所在。

与先进制造业采用 PDM/PLM 进行产品数据管理和供应链协同类似，BIM 可以帮助建筑项目的所有参与方、供应商协同工作，真正实现工业化、全供应链协作的建造方式。由于 BIM 协同技术对项目的组织方式、项目参与人员专业技能有非常特殊的要求，目前，我国的建筑工业化还没有见到真正的协同工作的案例。不过，随着技术和人才的发展，基于信息化协同的工业化建造方式必然会成为行业的主流。

第3章 建筑工业化构件生产技术

3.1 建筑工业化的成本分析

3.1.1 建筑工业化技术与建筑价格和价值的关系

随着国家对住宅产业化的推动，各地相继成为国家住宅产业化试点城市，多个"国家住宅产业化示范基地"建成，建筑工业化技术得到了重视，预制装配式混凝土结构建筑（简称 PC 建筑）不断增多。笔者所在的单位承建了西南地区最大的建筑工业化住宅示范工程，从项目实施过程来看，工业化施工模式是新型的施工建造模式，具有节能环保、工期短等诸多优势，但与传统施工方法相比，PC（Precast Concrete 预制混凝土）建筑普遍存在"快"而"不省"的局面，以该项目为例，建安成本与传统施工方法相比工程造价增加 30% 以上。从短期来看，很大一部分原因是构件的生产成本居高不下。早期构件厂的建设需要大量的前期投入，如厂房建设、工人培训、生产设备的购置等，同时相比传统的施工方法，构件在生产过程中会产生的模具、养护、管理等费用，加上技术不成熟导致的成品率不高使得构件的生产成本较高，加上在施工过程中会产生运输、吊装、安装等费用，其项目的综合单价相比传统施工方法将大幅提高。从长远来看，虽然经过了多年的发展，但建筑工业化的技术经济性仍然亟待破解。我国将逐步步入老龄化社会，能够从事农民工工作的人在可预见的未来有可能大量减少，劳动力成本的不断攀升和节能环保的迫切要求使得发展建筑工业化施工技术成为我国建筑行业转型的必由之路。经过大量项目的示范推广后，随着 PC 构件生产技术的成熟，生产成本的下降和建筑工业化施工技术日臻成熟，建筑工业化施工模式的成本优势将逐步显现出来。

1. 正确理解建筑造价与房屋价值的平衡关系

房屋建筑工程建设是投入有限的资源、通过建设活动形成房屋的使用价值，资源和人力的消耗构成了建筑的成本，因此，建设过程中需要对"质量、进度、成本、安全"等目标进行控制，而这些目标之间存在相互制约和相互影响的关系，是矛盾的统一体。从所有制造行业的发展历史来看，唯有依靠技术进步形成"工业化"才能破解这些目标之间的矛盾。

建筑工业化也不例外。利用技术的进步和生产方式的变革，可以达到提高房屋质量、加快建设进度、降低造价成本、保证建筑安全的效果，从建筑的全生命周期来看提升了房屋的使用价值，同时具有降低资源消耗、减少环境污染、降低劳动强度的社会价值，这些在国外发达国家都已经得到了充分的印证。

从目前国内建筑工业化发展的情况来看，由于生产方式的变革打破了传统的建筑产业链，对设计、审批、生产、施工、验收等环节的运行形成了很大的冲击，加之相关法规、标准的不完善，行政管理与企业管理、各环节之间的配合能力欠缺，建筑工业化的优势不仅难以显现，建筑造价也大幅推高，严重影响了建筑的经济性。

我们进一步来分析建筑工业化对房屋建筑造价和价值的几个关联因素的影响：

假定建筑造价由"原材料和机械成本"和"劳动成本"组成，获取的建筑价值由使用功能价值和时间价值组成。

建筑工业化的目的就是减少成本支出，增加建筑价值的收益。

随着国内建筑工业化技术的不断进步和发展，PC建筑的成本已经开始逐渐下降，必定达到以更少的投入获得更大的价值；即使在现阶段水平下，仍存在降低造价和提升价值的空间，用发展的眼光来看待短时的困局，不应由于造价的上升而影响建筑工业化的推进。

2. 工业化技术手段对建筑经济性的影响

工业化的特点是通过大规模生产方式提高生产效率来减少人工和管理成本，采取标准化的流程提高成品合格率，利用先进技术手段减少物料消耗来降低原料成本，以达到"快、好、省"的目的；建筑工业化也是如此：在工厂生产"以空间的转换赢得时间"，能加快施工速度来达到"快"的目的，设计方法、生产条件、作业程序的标准化能有效保证构件质量的"好"，构件质量的提升不但节省了人工，还可减少装饰材料的消耗，可达到"省"的目的，"快"和"好"还间接地带来了提高资金利用率的价值，毋庸置疑"建筑工业化技术"既是建筑技术进步的表现，也是提升建筑价值和降低工程造价的重要手段。

3.1.2 国内 PC 建筑的造价普遍偏高的原因分析

住宅产业化和建筑工业化的内容丰富，我国在基础性建材和建筑部品的生产上已经普遍实现工业化，例如水泥、商品混凝土、钢材以及门窗、瓷砖、洁具、橱柜、电器等，唯有建筑主体的施工生产仍以现浇方式为主；近几年来采用建筑工业化技术的 PC 建筑造价上升，都是主体结构的工业化所导致，这与国外建筑工业化的发展情况相悖，经过深入调查和研究发现，主要是经验不足并存在以下因素影响：

1. 产业链上下游分裂对建筑造价的影响

我国建筑设计、构件生产、施工安装的企业相互独立，即使大型集团同时拥有多个业务板块也多是独立法人，相互之间的配合不但丧失了效率，重复缴税和不同的税率推高了建筑造价。例如传统施工每立方米钢筋混凝土的价格为 1000 元/m³ 左右，预制构件价格为 3000 元/m³ 以上，多交的增值税高达 300 元以上，按照每平方米建筑使用 0.4m³ 构件估算，建安成本增加在 120元/m²，因此，建筑工业化发展必须串联起上下游的业务板块，提高效率降低成本，形成全产业链的建筑工业化经营模式。因此同时具备 PC 构件设计、生产、施工的全产业化能力，国内税制"营改增"等，都为发挥建筑工业化整体的经济性优势创造条件。

2. 结构形式选择不当对建筑造价的影响

用建筑工业化技术来建设住宅，要获得良好的经济性，合理选择结构形式是必要条件。从国内示范试点工程的案例来看，不同结构形式的经济性差异很大，例如沈阳万科春河里项目采用日本鹿岛的结构体系，比传统建筑造价几近翻倍，上海市用装配式框架结构建设的实验楼和试点工程，比传统方法增加造价30％～50％，而北京万科、宇辉集团、中南建设、西伟德宝业等采用预制装配式剪力墙结构建设的试点项目，建筑增量成本都可以控制在10％～20％。产生如此大的差异是因为：中国的高层住宅普遍是剪力墙结构，而装配式框架结构对中国式的住宅适应性不好，装配式的剪力墙既是结构同时也起到围护分隔作用，而框架结构的墙体只起围护作用，并需要结构框架来背负，等于增加了 A 价格的成本，因此采用装配式框架来建设小开间的住宅造价较高是必然的结果。

3. 技术路线变化对建筑造价的影响

结构形式和工法构成结构体系，即使是同样的结构形式，如果采用不同技术路线，也会产生很大的经济性差异。建筑设计时选定结构形式，等于基本确定了"原材料和机械成本"，不同的技术路线和工法对劳动成本起决定作用。例如同样是"装配式框架＋外墙挂板"的结构，如果采用先主体施工后安装挂板的"日本工法"，大量增加填缝密封胶材料和人工，同时增加了成本；深圳万科采用先安装墙板后浇筑结构的"香港工法"，降低了施工难度并节约材料和人工，两种工法的差别还体现在对预制构件生产成本的影响非常巨大，因此不同的工法造价成本不同。如图3.1-1 为两种工法的比较。

合理的技术路线应该追求降低价格并提高价值才是正确的理念，按照这种理念合理选择新技术、新材料、新设备、新工艺（新方法）才会对建筑工业化的发展起到了良好的促进作用。

万科日本工法实践   万科的香港工法实践

图 3.1-1　两种工法的比较

4. 不熟悉新技术、新材料、新工法对建筑造价的影响

新技术和新产品的应用对于提升建筑价值、节约建设造价起着关键的作用。在众多的工业化建筑的案例中，很多来自国外的新材料成本较高，对新技术和新工艺了解，部分丧失了效率，而且没有形成较好的房屋性能。例如，在上海试点工程中，采用的是外墙内保温技术，不但节能效果不好，还减少了室内净面积，如果采用夹心三明治保温外墙技术，就能够有效断绝冷热桥提高建筑的节能性，并使保温与建筑同寿命，在提升建筑品质的同时降低了后期的维护成本；采用日本工法在构件之间形成了大量的宏观缝隙，需要填缝材料修补，填缝材料老化后会加大渗漏的风险，将提高后期维护成本，如果采用香港工法并结合露骨料混凝土技术，使新旧混凝土连接成整体就可以大大降低施工成本。如图 3.1-2 为不同材料施工技术。

我国的建筑工业化处在重新起步发展的初级阶段，有很多的

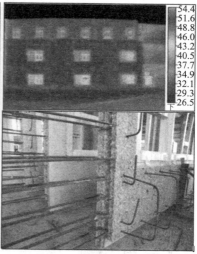

夹心三明治外墙保温效果好　　　　露骨料技术有利于新旧混凝土连接成整体

图 3.1-2　　不同材料施工技术

技术手段等待人们去重新认识，也还有许多问题等待我们进行技术创新。

3.1.3　建筑工业化技术的创新研究

结合以上因素不难看出，除了研究技术本身，更重要的是研究对技术的合理应用才是提高建筑经济性的途径，需要注意以下几点：

（1）研究现有技术，在充分认识其特点及适用性的基础上形成的技术方能为我所用。任何先进的技术手段都有局限性，国外技术的先进性也是体现在其国情基础之上，由于各种基础条件的差异，生搬硬套而造成适应性不足将注定失败。例如，发达国家的人力成本高于材料成本，已经发展到追求高预制率的阶段，而我国劳动力价格还相对偏低，原材料的增加对造价影响敏感，因此，提高装配化率的意义要大于提高预制率。同时对国外技术要加以灵活运用，例如日本的装配式框架结构技术虽然不符合我国住宅特点，但可以取其优点用于写字楼、酒店的建设，发挥其经济性。

（2）应该从我国建筑特点出发研究合理的工法以提高技术经济性。例如按照日本工法在外墙安装时采用 4 根斜撑和两个调节器，与中国香港工法则采用 2 根斜撑，安装省时省力省成本 50%，国内某公司经过深入研究后，利用"三点决定一个平面"的原理使用 1 根斜撑和 2 只角码，进一步提高安装效率并减少斜撑费用，技术上超越了国外水平。图 3.1-3 为外墙安装比较。

万科四根撑杆　　　　　　宇辉两根撑杆　　　　　国内某公司一根搞定

图 3.1-3　外墙安装比较

（3）应该研究以往国内建筑工业化的技术，从历史中学习，继承发扬优点，并进行再创新，既不能因循守旧，也不宜盲目媚外。国内 20 世纪 80 年代"土洋结合"的装配式大板住宅并非一无是处，特别是在经济性方面已经有一定的优势，只是因为当时经济水平、装备水平、基础性材料不足导致性能不能满足市场要求才没落下去，应该选择性地吸收其优点，对不足之处进行改良以适应当前的需要。传统构件生产普遍采用在模板上钻洞，用普通标准螺栓固定边模的方法，不但安装速度慢，而且模板很快就报废，如果采用粗牙螺栓则模板安装速度可以提高 3 倍，即使沾上水泥也不容易损坏，采用磁性装置固定边模则可以使模台延长寿命 5 倍以上。图 3.1-4 为新型模台。

建筑是一门综合应用学科，大到总体的方案，小到操作人员的某个动作，都可能对质量、效率、成本起到关键性的作用。我

粗牙螺杆安装效率高　　　　　　　　磁性固定装置保护和延长模台寿命

图 3.1-4　新型模台

国建筑业的工业化道路还很漫长，可以向其他行业学习借鉴、吸取营养。

3.1.4　如何正确应用建筑工业化技术手段提升 PC 建筑的经济性

建筑工业化与传统施工方法的区别在于"技术前移、管理前移"，项目策划时就决定了经济性结果，因此，建筑的技术经济性是由技术所决定的，而不能简单地用经济决策技术，需要用全局思维来掌控设计、生产、安装之间的关系。设计阶段必须清楚，不同的技术方案对模具投入、生产效率、运输方式、安装速度、质量保证的影响，与构件厂家、施工单位密切配合，在结构体系、技术路线方面对方案进行合理优化方能获得良好的经济性，方法不当只会适得其反。主要应考虑以下技术手段：

1. 对建筑方案和结构体系进行优化，提高预制构件的重复率和装配化率，采取适当的预制率，合理拆解和设计构件，提高生产效率、降低施工难度。由于工厂设备和模具投入巨大，具有"规模出效益"的特点，从设计上提高构件重复率和装配化率可以降低构件成本并减少现场施工的措施费用，构件平板化、简单化有利于提高生产效率，预制率过高有可能导致安装成本及辅料成本过高。图 3.1-5 为不同构件的运输。

2. 合理选取预制范围和技术方案，可以提升房屋品质、降低工程造价。主要应遵循如下原则：

立体异形构件模具复杂、生产难度大、运输效率低

干板构件磨具简单、生产成本低，平躺运输的效率高

图 3.1-5　不同构件的运输

一体预制的带门窗转角外墙　　　　　　带外装饰的飘窗

图 3.1-6　预制生产

（1）能够提高房屋性能和质量，有利于提高建筑价值的原则。对于一些现场施工难度较大，预制生产有优势的构件应该转

移到工厂生产，例如飘窗、转角外墙等异形构件，现场支模困难，装饰质量不好保证，可以将多道工序在工厂集成生产。图3.1-6为预制生产。

（2）能够综合降低物料和人工消耗，降低直接成本的原则。将现场施工费时、费工、费料的工作集中起来，转移到工厂能够降低现场施工措施费用，并减少抹灰和装饰的费用，减少施工成本、降低物料消耗。图3.1-7为预制构件。

免装饰清水混凝土构件　　　　　　陶粒空心条板减少抹灰

图3.1-7　预制构件

（3）能够减少措施费用，加快施工进度，有利于发挥资金利用效率的原则。

建筑工业化技术优势以预制技术、大模板技术、免模板和免拆模技术为主。装配化率的提高有利于发挥机械化施工的优势，降低现场施工难度，是节省施工费用的重要手段；传统现浇方式在水平承重构件施工时没有作业面宜采用预制的方式，外墙构件的预制不但能提升建筑质量，还能够取消外脚手架，高层建筑的楼梯阳台构件可以采用全预制，现场施工难度大，且重复率高的构件应该预制，装配化施工对提高施工效率、降低措施成本有明显作用。

但同时要认识到除了预制技术外，大模板技术和免模板技术也是一种发展方向（图3.1-8），现阶段如果预制率过高，将造成处理构件之间缝隙连接的人工费增高，而且我国由于抗震要求对房屋整体性的要求，目前已发布的《装配式混凝土结构技术规程》是以预制与现浇相结合为主的技术路线，在设计阶段应合理确定预制范围，不可"为预制而预制"盲目追求预制率，也不可"有条件而不预制"。

万斯达PK板取消脚手架　　　外墙安装没有外脚手架　　　香港预制构件与大钢模组合

图 3.1-8　大模板技术和免模板技术

（4）能够保证施工安全、减少排放，有利于文明施工和环境保护的原则，可以带来巨大的社会价值。对于主体的梁板柱结构、内外墙体等工序（图3.1-9），用传统现浇施工往往"跑冒滴漏"严重，浪费了原材料还容易产生垃圾、废水、扬尘和噪音等污染，宜转移到工厂生产。

远大住工整洁的车间　　　　　　　合肥西伟德生产有序

图 3.1-9　主体的梁板柱结构、内外墙体预制

3. 适当运用"四新"技术,对于提升建筑品质、增加使用价值、降低建设成本方面具有重要的意义。我国传统的建筑技术水平已经不能适应当前经济发展的需要,必须利用"四新"技术为建筑工业化发展做支撑,才能为建筑业"转方式、调结构"创造有利条件。一些建筑工业化的新技术亟待在国内推广,必将破解工业化建筑的经济性难题。

(1) 预制预应力和空心技术是综合的节材技术。预应力和空心技术是充分发挥高强度钢筋和混凝土材料强度,降低材料消耗的重要技术,一般建筑预应力钢筋强度为 1570MPa 和 1860MPa,与现浇板 400MPa 强度的钢筋相比可节省钢材 50% 以上,并减少脚手架和模板 80% 以上。

(2) 预制夹心三明治外墙可提高保温层寿命,结合表面装饰一体化技术,可节省装饰材料费用和后期维护成本。夹心三明治解决了保温材料防火和耐久性问题,构件装饰一体化技术节省了外墙装饰材料成本,杜绝了瓷砖脱落的风险,在建筑的全生命周期内可节约成本 200 元/m²。

(3) 用性价比较高的国产材料替代进口材料可节约一部分造价。预制剪力墙和预制柱需采用灌浆套筒、外墙防水使用的耐候密封胶,装饰一体化技术专用的造型硅胶模具等 (图 3.1-10),这些产品长期被国外市场垄断价格高昂,国产材料已经在使用效

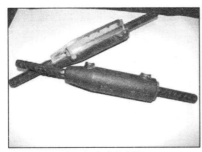 

国产混凝土灌浆套筒　　　　　　国产混凝土装饰造型模具

图 3.1-10　部分国产材料

果和经济性上具有相当的优势，每平方米建筑面积节省可造价100元以上。

由于国内建筑工业化规模化的发展，在政策、标准、技术、管理和产业链方面将日臻完善，只要正确理解技术与价格和价值的关系，做到技术适当、应用得法，在提升建筑品质、加快建设进度的同时，造价成本也必将不断下降。一些具备全产业链条件的建筑工业化企业经过了数年的磨炼，按照目前的技术水平，已经在按照传统的建筑造价水平承接工程，挑战保障房建设任务，凸显出建筑工业化的技术经济性优势，未来3~5年内，其市场竞争力将得到进一步放大，即将引起建筑行业的一场巨大革命。

3.1.5 建筑工业化项目的计价

无论是业主还是施工单位，准确地进行建筑工程建筑工业化项目的计价是至关重要的，无论是进行工程招标还是投标报价，以及工程结算，不能准确地计算工程造价将给项目的成功实施带来严重的影响。然而由于建筑工业化相关定额及计价标准的缺失，目前对建筑工业化项目的计价仍然处于探索阶段。为了促进这个问题的解决，住房城乡建设部办公厅下发了建办标函[2015] 1179号文，要求贯彻落实《国务院办公厅关于转发发展改革委住房城乡建设部绿色建筑行动方案的通知》（国办发[2013] 1号）和《住房城乡建设部关于进一步推进工程造价管理改革的指导意见》（建标[2014] 142号），加快推进绿色建筑发展和建筑产业现代化，编制绿色建筑和建筑产业现代化计价依据。文件要求：编制建筑产业现代化的工程定额应重点围绕预制装配式混凝土、钢结构、木结构、住宅全装修等工程，加强对工程计价方式和造价管理方法的探索研究。工程定额项目设置应以工地现场的安装工作为主要编制对象，工业化构件、部品、部件以成品形式表现。要积极收集整理绿色建筑、建筑产业现代化工程造价资料，对其中具有典型性的工程进行分析测算，发布不同类型的造价指标。要跟踪绿色建筑、建筑产业现代化的技术、工艺、建材、产品的市场价格，及时发布相应造价信息，引导市场各方主体合理计价。各省级住房城乡建设主管部门要高度重视绿色建筑和建筑产业现代化计价依据编制工作，充分调研需求，加强组织协调，加大工作力度，力争到2016年底实现绿色建筑和建筑产业现代化计价依据全覆盖。关于这方面的工作有的地区已经有了进展，陆续出台了相关的补充定额，有了补充定额，可以通过相应定额确定工业化施工部分的相应造价，再根据工业化率结合传统施工部分的造价汇总得出整个项目的总造价。

1. 建筑工业化项目的计价可以根据项目的工业化率对传统施工部分和工业化施工部分分别进行计价，然后汇总计算合价。在我国，目前建筑工业化项目的工业化率往往不能达到100%。很多项目地下室部分甚至5层以下往往采用传统方式进行建造。对项目的计价我们可以分别对传统施工部分和工业化施工部分进行计价，汇总以后形成工程造价，进而根据建筑面积可以得出项目的综合单价。

建筑工程建筑工业化施工部分的造价取决于工业化构件的价格和采用的施工技术，因此在进行计价时，最核心的因素是要确定工业化构件的价格和施工过程中相比传统施工方式所增加的特殊措施费的价格。与传统施工方式相比，建筑工业化项目的构件价格占了工程造价的很大比例，这是由于构件的生产过程中除了形成工程实体的构件材料以外，还有深化设计、模具摊销、增压养护、检测运输等费用。

建筑工程中常见的预制构件有预制叠合板、预制挑板、预制梁、预制承重墙、预制非承重墙、预制外角模、预制外挂板、预制装饰类构件等，本书将提供几种常见的构件价格及其组成（表3.1-1~表3.1-5），仅供读者参考。本例采取的报价方式为根据实际成本和试点项目的生产经验和图纸实测价格，以清单计价方式生成综合单价。综合单价结合深化设计图纸计算得出的预制构件工程量就可得出预制构件部分价格。其中直接工程费中的人、材、机械的价格按定额组价方式形成价格，材料费中的钢筋、混凝土均按照本地信息价计价，机械费根据生产实测测得，人工费为实测人工费。报价中与传统计价有差异部分的取费：措施费中的模具摊销费用按照生产的预制产品的数量摊销，其中叠合板的模具按生产 60 套叠合板均匀分摊，其他模板按生产 50 次计算分摊。蒸汽养护费按平均 8h 的增压蒸汽养护计算费用，运输费按照物流公司使用满载 30t 的货车从生产厂房到项目工地的运输费用计算，不含下车费。企业管理费参考定额综合取费 8%，利润按照 5% 计取，税金暂按照 17% 的增值税税率计取。

预制叠合板每立方米报价表 表 3.1-1

项目名称			材料用量		材料单价		小计 （元/m³）	备 注
直接工程费	材料费	混凝土	1	m³	338	元/m³		C30 混凝土
		钢筋	171.72	kg	2.8	元/kg		
		预埋件		套	10	元/套		
		其他材料费	1	m³	100	元/m³		构件成型过程中消耗的辅材、摊销材料等
	人工费							含模板支拆，钢筋入模，混凝土浇筑及养护，构件成型出模，修补、模具清理、粗糙面拉毛
	综合机械费							含模板支拆，钢筋入模，混凝土浇筑，构件成型出模，机械折旧，钢筋加工机械费

项目名称		材料用量	材料单价	小计 (元/m³)	备 注
措施费	模具摊销费				
	蒸汽养护费				
	成品保护费,转运及其他配合措施费				含场内产品运输、码放、场内倒运的配合人工及辅材费,装卸车配合人工费
	厂内吊装费				场内上车吊装机械费,场内运输至工地现场运费,及现场卸车机械费
	运输费				厂房至施工现场之间的运输费用,不包含下车费
直接费小计					
综合管理费		8%			管理费＝直接费小计×费率
利润		5%			利润＝(直接费小计+综合管理费)×费率
税金		17%			税金＝(直接费小计+综合管理费+利润)×费率
合计					

备注:该构件报价价格未包含设计费用。

预制梁每立方米报价表

表 3.1-2

项目名称			材料用量		材料单价		小计 (元/m³)	备注
直接 工程 费	材料费	混凝土	1	m³	338	元/m³		C30 混凝土
		钢筋	243.65	kg	2.8	元/kg		
		预埋件		套	10	元/套		
		其他 材料费	1	m³	100	元/m³		构件成型过程中消耗的辅料、摊销材料等
	人工费							含模板支拆,钢筋入模,混凝土浇筑及养护,构件成型出模,修补、模具清理、粗糙面拉毛
	综合机械费							含模板支拆,钢筋入模,混凝土浇筑,构件成型出模,机械折旧
措施费	模具摊销费							
	蒸汽养护费							
	成品保护费,转运及其他配合措施费							含场内产品运输、码放、场内倒运的配合人工及辅材费,装卸车配合人工费
	厂内吊装费							场内上车吊装机械费,场内运输至工地现场运费,及现场卸车机械费
	运输费							

项目名称	材料用量	材料单价	小计 (元/m³)	备　注
直接费小计				
综合管理费	8%			管理费＝直接费小计×费率
利润	5%			利润＝(直接费小计＋综合管理费)×费率
税金	17%			税金＝(直接费小计＋综合管理费＋利润)×费率
合计				

备注：该构件报价价格未包含设计费用。

预制楼梯每立方米报价表　　表 3.1-3

项目名称		材料用量		材料单价		小计 (元/m³)	备　注
直接工程费	材料费	混凝土	1	m³	338	元/m³		C30 混凝土
		钢筋	146	kg	2.8	元/kg		
		预埋件		套	10	元/套		
		其他材料费	1	m³	100	元/m³		构件成型过程中消耗的辅料、摊销材料等
	人工费							含模板支拆,钢筋入模,混凝土浇筑及养护,构件成型出模,修补、模具清理、粗糙面拉毛
	综合机械费							含模板支拆,钢筋入模,混凝土浇筑,构件成型出模,机械折旧

项目名称		材料用量	材料单价	小计 (元/m³)	备 注
措施费	模具摊销费				
	蒸汽养护费				
	成品保护费,转运及其他配合措施费				含场内产品运输、码放、场内倒运的配合人工及辅材费,装卸车配合人工费
	厂内吊装费				场内上车吊装机械费,场内运输至工地现场运费,及现场卸车机械费
	运输费				
直接费小计					
综合管理费		8%			管理费=直接费小计×费率
利润		5%			利润=(直接费小计+综合管理费)×费率
税金		17%			税金=(直接费小计+综合管理费+利润)×费率
合计					

备注:该构件报价价格未包含设计费用。

项目名称			材料用量		材料单价		小计 （元/m³）	备 注
直接 工程 费	材料费	混凝土	1	m³	338	元/m³		C30 混凝土
		钢筋	186.927	kg	2.8	元/kg		
		预埋件		套	10	元/套		
		其他 材料费	1	m³	100	元/m³		构件成型过程中消耗的辅料、摊销材料等
	人工费							含模板支拆，钢筋入模，混凝土浇筑及养护，构件成型出模，修补、模具清理、粗糙面拉毛
	综合机械费							含模板支拆，钢筋入模，混凝土浇筑，构件成型出模，机械折旧，钢筋加工机械费
措施 费	模具摊销费							
	蒸汽养护费							
	成品保护费，转运及其他配合措施费							含场内产品运输、码放、场内倒运的配合人工及辅材费，装卸车配合人工费
	厂内吊装费							场内上车吊装机械费，场内运输至工地现场运费，及现场卸车机械费
	运输费							厂房至施工现场之间的运输费用，不包含下车费

项目名称	材料用量	材料单价	小计 (元/m³)	备　注
直接费小计				
综合管理费	8%			管理费＝直接费小计×费率
利润	5%			利润＝（直接费小计＋综合管理费）×费率
税金	17%			税金＝（直接费小计＋综合管理费＋利润）×费率
合计				

备注：该构件报价价格未包含设计费用。

预制外墙板每立方米报价表　　　表 3.1-5

项目名称			材料用量		材料单价		小计 (元/m³)	备　注
直接工程费	材料费	混凝土	1	m³	338	元/m³		C30 混凝土
		钢筋	196.22	kg	2.8	元/kg		
		预埋件	5	套	10	元/套		
		保温材料	0.14	m³	860	元/m³		
		瓷砖	3.33	m²	40	元/m²		
		其他材料费	1	m³	130	元/m³		构件成型过程中消耗的辅料、摊销材料及预埋木方等
	人工费							含模板支拆、瓷砖安放粘贴、钢筋入模、绑扎、保温材料施工、混凝土浇筑及养护、构件成型出模，修补、模具清理、墙板背面压光、防水施工、螺栓防腐防锈处理等人工费

040

项目名称		材料用量	材料单价	小计 (元/m³)	备　注
直接工程费	综合机械费				含模板支拆,钢筋入模,混凝土浇筑,构件成型出模,压光使用机械折旧
措施费	模具摊销费				
	蒸汽养护费				
	成品保护费,转运及其他配合措施费				含场内产品运输、码放、场内倒运的配合人工及辅材费,装卸车配合人工费
	厂内吊装费				场内上车吊装机械费,场内运输至工地现场运费,及现场卸车机械费
	运输费				场内上车吊装机械费,场内运输至工地现场运费,及现场卸车机械费
直接费小计					
综合管理费		8%			管理费=直接费小计×费率
利润(待领导确定)		5%			利润=(直接费小计+综合管理费)×费率
税金		17%			税金=(直接费小计+综合管理费+利润)×费率
合计					

备注:该构件报价价格未包含设计费用。

2.建筑工程工业化施工项目措施费的计算

由于施工技术的差异，建筑工程工业化项目施工过程中将产生大量与传统施工方式不同的措施费，在计价过程中，这部分措施费宜单独进行测算。措施费与采用的施工工艺密切相关，因此测算措施费时需紧紧围绕采用的施工技术和工艺流程。如吊装、支撑体系等，本例提供部分典型措施项目费分析（表3.1-6），供读者参考。

措施费分析汇总表   表 3.1-6

序号	措施项目	包含内容	措施单价	总价	备注
1	垂直运输	塔吊、施工电梯的基础、进出场费、安拆费、租赁费、附着费	塔吊：11.68 万元/（台·月）施工电梯：2.92万元/（台·月）	按塔吊、施工电梯的数量和工期计算	塔吊、施工电梯的数量根据项目实际需要选择，塔吊、施工电梯的工期按合同工期计算
2	卸料平台	材料费、人工费、管理费	3965.31 元/个	按卸料平台的使用数量计算	根据项目实际需要确定使用数量
3	装配结构施工部分措施费	1.预制剪力墙吊装、PCF 板的吊装、楼梯吊装及安装等	95.06 元/m²	按建筑面积测算	注明：以上报价含所用的人工、机具、周转材料及除吊装费外的所有机械费，不含规费及税金；不含水电费；不含构件进场卸车码放费用；不含构件临时堆放插放等措施性材料
		2.叠合板的吊装及安装	85.66 元/m²		
		3.样板的吊装及安装	41.23 元/m²		
		4.外挂架的施工	84.52 元/m²		
		5.预制剪力墙灌浆	33.65 元/m²		
		6.节点模板（采用钢塑铝塑板体系）	165.33 元/m²	按接触面积测算	

序号	措施项目	包含内容	措施单价	总价	备注
4	提升架、吊篮和叠合板支撑体系费用	整体提升架,包含安装、运行、维护、拆除等	工具式提升架33000元/机位	按实际使用数量计算	根居项目实际需要确定使用数量
		外挂板处吊篮,包含租赁、安装、维护、拆除	吊篮:110元/每天	按实际使用数量、使用时间计算	根据项目实际需要确定使用数量、使用时间

3.2 预制叠合板生产及质量控制

1.技术质量标准

(1)叠合楼板纵向配有三角桁架钢筋。由于现浇叠合层内要埋各种管线,为防止管线外露要严格控制板厚。

(2)叠合板上表面要求拉毛,深度4mm,四侧要求粗糙面,可在侧模涂刷缓凝剂,出模后冲刷形成粗糙面。

(3)叠合楼板由于板薄,面积大,因此在出模、存放、运输、吊装时防止产生开裂。

2.生产工艺及操作要点

(1)模板结构

叠合楼板采用流水线生产,根据不同尺寸加工小侧模,其中靠近模台边的侧模螺栓固定,剩余两条侧模采用磁铁固定。预留、预埋件也可采用磁铁定位。

(2)生产工序流程

模具清理→固定边模→涂刷隔离剂→放钢筋网→固定接线盒、埋件→浇筑混凝土→表面拉毛→养护→拆模起吊出模→板边冲刷粗糙面→码放。

主要生产工序如图3.2-1~图3.2-7所示。

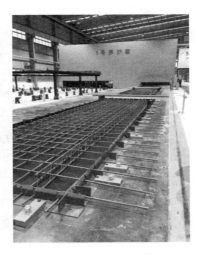

图 3.2-1　模具准备　　　　　　　图 3.2-2　钢筋入模

图 3.2-3　机械浇筑混凝土　　　　图 3.2-4　机械拉毛机拉毛
　　　并用振动台振实

（3）生产操作要点

1）叠合板的钢筋采用焊接网片，三角桁架钢筋由专用设备加工生产。

2）楼板上的电线盒将其固定在底模上，不使混凝土浇筑时进入线盒。

3）因叠合楼板混凝土较薄，混凝土浇筑应均匀并控制放灰量不使超厚；混凝土采用振动台振实成型。

图 3.2-5　进入养护窑蒸养

图 3.2-6　起吊出模

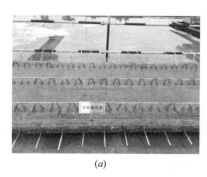

(a)

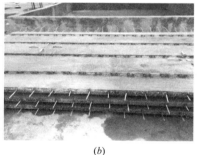

(b)

图 3.2-7　堆场堆码

4）楼板混凝土浇筑后，先抹平，再用钢丝耙将表面混凝土拉成 3～4mm 的凹沟。

5）板四侧边模具内侧预先涂抹缓凝剂，楼板出模后用水将混凝土表面的水泥冲去，露出骨料，形成粗糙面。

6）叠合板出模起吊应采用下设多绳的吊架，6 根或 8 根吊绳挂住三角桁架钢筋起吊。

7）叠合楼板水平码放时垫通长垫木，重叠码放上下层垫木应对齐。

3.3 预制叠合梁生产及质量控制

1.技术质量标准

叠合梁要求外露面如：底面、外露侧面为清水面。

2.生产工艺及操作要点

（1）模具结构

叠合梁为细长构件，生产时必须要利用模具控制其变形。叠合梁由底模、侧模和两个端模组成，见图3.3-1、图3.3-2。由于脱模时只需拆除两个端模和一侧侧模，故一侧侧模与底模固接，拆模时不用拆除，减少组装时接缝密封工作量和避免接缝漏浆水的可能。在两侧模顶部，需要增加钢管连接，以控制叠合梁的侧向变形。

（2）生产工艺流程

模具清理→涂刷隔离剂→调入钢筋骨架→固定模具和外伸钢筋→浇筑混凝土→上表面拉毛→养护→拆模起吊出模→码放。

图 3.3-1 预制叠合梁模具

图 3.3-2 预制叠合梁

（3）生产操作要点

1）在组装侧模和一个端模后放上钢筋骨架，再组装另一端模。

2）模具组装时，接缝处应加发泡塑料条，保证模具在混凝土振捣时不漏浆水。

3）混凝土振捣采用插入式振捣棒振实。

4）脱模时只需拆除两个端模和一个侧模即可。

5）叠合梁出模后，在长木方垫上，按梁的放置方向水平码放，不可侧躺重叠放置。

3.4 预制外墙板生产及质量控制

1.技术质量标准

（1）保温复合外墙板由三层组成：外页面混凝土、结构层、中间保温层聚苯板，三层由连接件连接为一个整体，连接件有非金属和金属材质，连接件使用方法由生产厂家提供指导或由设计确定。

（2）外墙板结构层两侧面和上侧有外伸的连接钢筋，下侧预埋钢筋连接用灌浆套筒，通过预留钢筋及套筒使墙板互相连接并浇筑成整体。

（3）套筒的位置要求精确，偏差≤2mm。与套筒对应的板上侧预留连接钢筋，其位置偏差≤2mm，外伸长度偏差≤5mm。结构层四周做成粗糙面。

（4）墙板内、外两侧表面要求平整；外墙板外侧反打瓷砖要求规整。

2.生产工艺及操作要点

（1）模具结构

保温复合外墙板采用定型钢模生产，而对于外墙形状简单没有突起造型的也可以流水线生产。

定型模具只能生产一种型号的外墙板，钢模结构为帮包底，这样构件的尺寸容易保证。侧模分上下两层：下层侧模为面层和保温层用，上层侧模为结构层混凝土用。上层侧模外出钢筋处留长孔，并有活动挡板遮挡，以便拆模又不会漏浆。下侧模内面焊有钢筋连接用灌浆套筒的定位板圈，以保证套筒的精确定位。

（2）生产工序流程

1）模具清理→支下层侧模→涂刷隔离剂→放面层钢筋网片→插连接件→浇筑下层混凝土→铺保温聚苯板→放上层钢筋骨架→支上层侧模→安装及调整埋件→浇筑上层混凝土→抹面压光→养护→拆模→起吊出模→冲刷粗糙面→直立码放。

主要生产工序如图 3.4-1～图 3.4-9 所示。

图 3.4-1　支模及钢筋入模　　　图 3.4-2　浇筑下层混凝土

图 3.4-3　铺设保温聚苯板　　　　　图 3.4-4　浇筑上层混凝土

图 3.4-5　送入养护窑蒸养　　　　　图 3.4-6　起吊出模

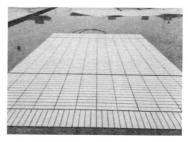

图 3.4-7　场内运输　　　　　　　　图 3.4-8　构件冲洗

图 3.4-9　直立码放

2）模具组装时，除了要求支撑螺丝顶紧外，在接缝处要加发泡密封条，保证振捣混凝土时不露浆。

3）钢筋灌浆连接套筒与钢筋骨架绑扎在一起，入模后套筒紧贴侧模定位圈，确保混凝土浆水不进入套筒内。

4）预埋长螺母及其他预埋件均采用螺栓或通过连接板临时固定在侧模上，以保证混凝土浇筑时不移位。

5）混凝土分两次浇筑，先浇筑面层混凝土，铺完保温层聚苯板后再浇筑结构混凝土。为保证面层混凝土的厚度，在浇筑面层混凝土时用尺测量。

6）结构层混凝土浇筑完后，先用木抹子将混凝土搓平，收水后再用铁抹子搓平压光，保证墙面的平整光滑，也可根据装修要求表面搓平即可。

7）保温复合墙板浇筑完后，盖上苫布，通蒸汽养护，恒温时的最高温度不超过 60℃，防止温度过高造成聚苯板热缩变形。

8）墙板四周边混凝土粗糙面处理（如需要）方法：浇筑混凝土前在侧模上涂刷缓凝剂（不涂脱模剂），构件出模后，用高压水枪冲洗，将混凝土表面的水泥砂浆全部除去，露出骨料，形成粗糙面。

9）外墙板平吊出模后用吊车勾着墙板顶部的吊环下部垫在大木方或橡胶垫（或轮胎）上翻起，在插放架上直立码放。

3. 面砖反打工艺

面砖反打流程后期同保温复合墙板，只是前期多了面砖的筛选、铺贴及勾缝工序。面砖反打相比传统后贴面砖，面砖具有抗拔强度高，不掉砖的优点；相比涂刷装饰颜料，也具有永不褪色、不脱落的好处。

（1）面砖拼版

1）面砖进厂抽查

每批面砖进厂后，应测量面砖的规格尺寸偏差，对于不符合尺寸规格的予以剔除。

2）面砖拼版模具

按 PC 板排砖图制作面砖拼版模具（图 3.4-10），拼版模具长宽尺寸为 300～600mm。底板用 10～12mm 厚的塑料板、边框和分隔条用有机玻璃条。拼版模具的尺寸偏差应不大于 0.5mm。

图 3.4-10　面砖拼版（一）

图 3.4-11　面砖拼版（二）

3）面砖拼版

将面砖正面朝上逐块码放在拼版模模内，砖缝中嵌放泡沫分格条，然后将一面带有不干胶的膜贴在整版面砖上，用棍赶走膜与面砖表面之间的气泡，完后将模具翻过来倒出成版的面砖，码放整齐（图 3.4-11）。

（2）铺贴面砖（图 3.4-12、图 3.4-13）

图 3.4-12　铺贴面砖（一）　　　图 3.4-13　铺贴面砖（二）

1）按排砖图在模内划出分格线，一般 1.5～2m 分格，并用直条靠板按线固定在底模上。

2）面砖从模内一侧开始铺贴。先在要铺贴面砖的模内贴上双面胶带，约 30cm 一条，将面砖逐版粘贴在双面胶带上，用手轻拍贴实。铺贴在模具侧面的面砖，双面胶带应加密，以防混凝土振捣时脱离。

3）铺贴面砖的操作人员进入模内应穿软底鞋，禁止其他人员踩踏已铺好的面砖。

4）面砖铺贴完后，应检查砖缝是否平直一致，分隔条是否严密、贴实，不符合时应修整。

5）面砖铺贴尺寸允许偏差：缝宽±1mm，缝直线度2mm，相邻面砖错缝1mm。

6）铺贴面砖后，需用水泥砂浆将砖缝填实，以防止浇筑混凝土时漏浆。

（3）浇筑混凝土

后续工序同保温复合外墙板的生产工序（图3.4-14）。

图3.4-14　反打一次成型预制外墙板

3.5　预制外挂板生产及质量控制

预制混凝土外挂板，利用混凝土的可塑性强的特点，可充分表达建筑师的设计意愿，使大型公共建筑外墙具有独特的表现力。饰面混凝土外挂板，是采用反打成型工艺制作带有装饰面层的钢筋混凝土外墙板。装饰混凝土外挂板是在普通的混凝土表层，通过色彩、色调、质感、款式、纹理、肌理和不规则线条的创意设计、图案与颜色的有机组合，创造出各种天然大理石、花岗岩、砖、瓦、木等天然材料的装饰效果。清水混凝土的质朴与厚重感，体现建筑古朴自然的独特风格。在工厂采用工业化生产，具有施工速度快、质量好、维修费用低的特点。根据工程需要可设计成集外装饰、保温、墙体围护于一体的复合保温外墙挂板，也可以作为复合墙体的外装饰挂板。

3.6 预制楼梯生产及质量控制

1.技术质量标准

楼梯要求外露面如：正面、背面、外露侧面为清水面。注意预留孔洞位置要准确、防滑槽美观。

2.生产工艺及操作要点

（1）模具结构

楼梯要求上下表面及一侧表面为清水面，因此模具按楼梯侧立生产状态设计制作。楼梯模具为帮包底结构，由底模、带有踏步的侧模、底侧模和两个端模组成。侧模踏步由钢板弯折成形，与底模固接，拆模时不用拆除，减少组装时接缝密封工作量和避免接缝漏浆水的可能。由于带踏步一侧的模具构件出模时不移去，踏步面上的防滑凹槽采用在模具的相应部位粘贴一次性发泡塑料条，构件出模时塑料条随构件带出，然后将塑料条清除形成凹槽。

（2）生产工艺流程

模具清理→涂刷隔离剂→调入钢筋骨架→支立侧模→浇筑混凝土→抹面→养护→拆模起吊出模→码放。

（3）生产操作要点

1）先放上钢筋骨架，再组装侧模。

2）模具组装时，接缝处应加发泡塑料条，保证模具在混凝土振捣时不漏浆水。

3）混凝土振捣采用插入式振捣棒振实。

4）楼梯直立出模后，在橡胶垫上翻转放平，正面朝上，水平码放。重叠码放时，垫木用塑料薄膜包裹，以免雨淋后湿木材污染构件清水混凝土面；垫木应上下对齐（图 3.6-1、图 3.6-2）。

图 3.6-1　预制楼梯（一）

图 3.6-2 预制楼梯（二）

3.7 预制阳台生产及质量控制

预制阳台分叠合阳台（半预制）和全预制阳台。如图 3.7-1～图 3.7-3，全预制阳台的表面的平整度可以和模具的表面一样平或者做成凹陷的效果，地面坡度和排水口也在工厂预制完成。

预制阳台可以节省工地制模和昂贵的支撑。在叠合板体系中，可以将预制阳台和叠合楼板以及叠合墙板一次性浇筑成一个整体。

预制阳台采用工具式模加工，工艺中植入饰面层、粘接层、保温层和结构层同时施工，除拥有外墙部分的功能外，整体性得到进一步提高。

图 3.7-1　预制阳台（一）

图 3.7-2　预制阳台（二）

图 3.7-3　预制阳台（三）

3.8 预制飘窗生产及质量控制

预制飘窗制作与预制墙板基本相同,其区别主要是:平面混凝土与立面混凝土分两次浇筑(图3.8-1、图3.8-2)。

图 3.8-1 飘窗模具

图 3.8-2 预制外墙板带飘窗

3.9 PCF 板生产及质量控制

3.9.1 工艺流程

模具拼装→安装钢筋网片→铺设桁架钢筋→安装断热件→安装吊装、支撑件→混凝土浇筑→铺设保温→养护吊装

3.9.2 操作方法

1. 模具拼装

（1）木工在模具拼装前要认真熟悉图纸，根据图纸拼装 PCF 板模具，模板间角度和尺寸与图纸吻合无误。

（2）底模用 M16 的螺栓固定平台上，上端和侧模用磁铁固定，磁铁间距不得大于 1500mm。上端模用压板固定，装压面用 M16 的螺栓固定平台上将上端压死，防止混凝土振动时漏、模具上浮。

2. 安装钢筋网片

钢筋网片选用 4 个冷拔丝成品网片，根据图纸将钢筋网片铺设在模具内，有门窗洞口、预留口的位置应根据图纸尺寸提前预留；网片下放置垫块，按 800mm×800mm 呈梅花形布置放置于钢筋骨架下，不少于每平方米 5 个。

3. 铺设桁架筋

为防止 PCF 板吊装，在 PCF 板铺设桁架钢筋，桁架钢筋间距不得大于 1000mm，竖向桁架必需通长，不可中断，横向桁架上下两道，中间用 2 根 $\phi10$ 钢筋布两道。

4. 安装断热件

断热件取 PCF 板与结构连接作用，并形成隔热，断热件按间距 600mm 成梅花状布置，断热件必须与钢筋网片绑扎牢固，并用保护层垫块将其垫起形成保护层。

5. 安装吊装、支撑、连接件

（1）根据图纸将吊装、支撑件、连接件安装在准确的位置，

吊装件、支撑件必需放置在桁架筋内，确保吊装件、支撑件与桁架筋有效连接、达到整体受力。连接件是安装连接用，位置要准确，误差在 3mm 以内。

（2）根据图纸设计要求为需要外架子孔、模板加固穿墙孔，空调管孔的构件放置塑管，并用磁铁将预留管固定在平台上，用铁丝对塑管采取绑扎加固，确保打灰不偏移。模板加固孔间距不得大于 800mm 一道。

6. 混凝土浇筑

装饰层混凝土塌落度不得太小，装饰层混凝土太薄容易出现混凝土振动不密实，表面不平整，保温板铺设后空鼓。混凝土振捣密实后人工用搓板找平，装饰层混凝土厚度均匀，误差不得大于 5mm。

7. 铺设保温板

按照图纸将保温板满铺在模板内，保温板要紧贴模板边框，保温板与保温板要紧贴，遇有外架子孔、模板加固穿墙孔，空调管孔的位置用开孔器开孔，桁架筋位置、拼缝过大位置、开孔位置用发泡填满，保温板要粘结牢固，铺贴是要用力揉动，增加粘结力；铺设完平要平整、无冷桥。

8. 养护吊装

（1）PCF 板施工完成后送入养护窑内进行蒸汽养护，出窑起吊前先用回弹仪检测构件强度，达到 75% 以上，检查吊环是否拧紧后方可起吊。

（2）构件起吊应用吊装扁担梁，保证起吊受力均匀，先将构件顶部吊起，将构件与平台接触面内的气压排出后，再进行吊装。

（3）构件堆放时下方用木方垫实，防止构件受力不均，出现断裂、碰撞破损。

（4）运输时采用垂直运输，构件与运输架体接触面用软体橡胶做保护，防止构件碰撞破损，运输车上的运输架应进行改装，PCF 板要紧靠架子受力柱，PCF 板太薄防止受力不均构件开裂。

（5）运输过程中，车辆要平稳慢速行驶，防止构件因快速、颠簸开裂。

3.10 预制构件的试验和检测

3.10.1 模具检测

1. 一般规定

（1）模具应具有足够的承载力、刚度和稳定性，保证在构件生产时能可靠承受浇筑混凝土的重量、侧压力及工作荷载。

（2）模具应支、拆方便，且应便于钢筋安装和混凝土浇筑、养护。

（3）隔离剂应具有良好的隔离效果，且不得影响脱模后混凝土表面的后期装饰。

2. 主控项目

（1）用作底模的台座、台模、地坪及铺设的底板等均应平整光洁，不得下沉、裂缝、起砂或起鼓。

（2）模具及所用材料、配件的品种、规格等应符合设计要求。

检查数量：全数检查；

检验方法：观察、检查设计图纸要求。

（3）模具的部件与部件之间应连接牢固；预制构件上的预埋件均应有可靠固定措施。

检查数量：全数检查；

检验方法：观察，摇动检查。

（4）清水混凝土构件的模具接缝应紧密，不得漏浆、漏水。

检查数量：全数检查；

检验方法：观察或测量。

3. 一般项目

（1）模具内表面的隔离剂应涂刷均匀、无堆积，且不得沾污钢筋；在浇筑混凝土前，模具内应无杂物。

检查数量：全数检查；

检验方法：观察。

（2）构件模具安装尺寸允许偏差应符合下表表规定。

检查数量：新制或大修后的模具应全数检查；使用中的模具应定期检查。

检验方法：按表 3.10-1 的规定检查。

工业化住宅预制构件钢模验收质量标准表　　表 3.10-1

序号	项目		允许偏差（mm）	检查频率		检验方法
				范围	点数	
1	模内尺寸	长、高	0，−2	模板边长	每边 1 点	用钢卷尺测量
2		宽	0，−2	两端及中部	≥2 点	用钢卷尺测量
3		厚	±1	平板及 L 板侧立面	每边 2 点	用钢尺测量
4	表面平整度		2	底模及角模外露面	每面 1 点	2m 靠尺和塞尺测量
5	对角线差		2	两对角线差值	每面 1 点	用钢卷尺量两对角长
6	侧向弯曲		1	两侧帮板表面	每处 1 点	拉线钢尺量最大弯处
7	翘曲		2	每个大平面 1 点	L 板 2 点	两对角线钢尺量交点距离，其值乘以 2
8	门窗口	尺寸	1	长、宽各 3 点	共 6 点	用钢卷尺量测
9		位移	1	每门窗口	2 点	用钢尺测量
10		对角差	2	两对角线差	1 点	用钢卷尺量两对角长
11	相邻板面垂直偏移		1	夹角与高、宽方向的正切差值	每处 1 点	用大小方尺或挂线检查
12	预埋螺母、螺栓中心位置		1	逐个量测	每处 2 点	用钢尺量测

序号	项目	允许偏差（mm）	检查频率		检验方法
			范围	点数	
13	套筒中心位置	1	逐个量测	每处2点	用钢尺量测
14	预埋铁件中心位置	3	逐件检查	每处2点	用钢尺量测
15	预留管孔中心位置	2	逐个量测		用钢尺量测
16	镶拼八字条不顺直	不允许	所有拼条		不顺直处剔除重焊
	接缝不严	大于1	侧帮与底模周圈组合后缝隙应≤1		缝隙过大应修复合格
	焊缝高度不够、开裂	不允许	全部焊点		补焊合格
	钢板面麻面、锈蚀	轻微	与混凝土接触面		修复合格

3.10.2 钢筋及预埋件检测

1. 一般规定

（1）钢筋、预应力筋及预埋件入模安装固定后，浇筑混凝土前应进行构件的隐蔽工程质量检查，其内容包括：

1）纵向受力钢筋的牌号、规格、数量、位置等；

2）钢筋的连接方式、接头位置、接头数量、接头面积百分率等；

3）箍筋、横向钢筋的牌号、规格、数量、间距等；

4）预应力筋的品种、规格、数量、位置等；

5）预应力筋锚具的品种、规格、数量、位置等；

6）预留孔道的规格、数量、位置，灌浆孔、排气孔、锚固区局部加强构造等；

7）预埋件的规格、数量、位置等。

（2）钢筋焊接应按现行行业标准《钢筋焊接及验收规程》JGJ18的规定制作试件进行焊接工艺试验，试验结果合格后方可进行焊接生产。

（3）采用钢筋机械连接接头及套筒灌浆连接接头的预制构件，应按国家现行相关标准的规定制作接头试件，试验结果合格后方可用于构件生产。

2. 主控项目

（1）钢筋、预应力筋等应按国家现行有关标准的规定进行进场检验，其力学性能和重量偏差应符合设计要求或标准规定。

检查数量：按批检查。

检验方法：检查力学性能及重量偏差试验报告。

（2）冷加工钢筋的抗拉强度、延伸率等物理力学性能必须符合现行有关标准的规定。

检查数量：按批检查。

检验方法：检查出厂合格证和进场复验报告。

（3）预应力筋用锚具、夹具和连接器应按国家现行有关标准的规定进行进场检验，其性能应符合设计要求或标准规定。

检查数量：按批检查。

检验方法：检查出厂合格证和进场复验报告。

（4）预埋件用钢材及焊条的性能应符合设计要求。

检查数量：按批检查；

检验方法：检查出厂合格证。

（5）钢筋焊接接头及钢筋制品的焊接性能应按规定进行抽样试验，试验结果应符合现行国家标准《钢筋焊接及验收规程》JGJ18 规定。

检查数量：按批检查。

检验方法：检查焊接试件试验报告。

（6）钢筋接头的方式、位置、同一截面受力钢筋的接头百分率、钢筋的搭接长度及锚固长度等应符合设计要求或标准规定。

检查数量：全数检查；

检验方法：观察和量测。

3. 一般项目

（1）钢筋、预应力筋表面应无损伤、裂纹、油污、颗粒状或片状老锈。

检查数量：全数检查；

检验方法：观察。

（2）锚具、夹具、连接器，金属螺旋管、灌浆套筒、结构预埋件等配件的外观应无污物、锈蚀、机械损伤和裂纹。

检查数量：全数检查；

检验方法：观察。

（3）钢筋半成品的外观质量要求应符合规定。

检查数量：每一工作班检验次数不少于一次，每次以同一班组同一工序的钢筋半成品为一批，每批随机抽件数量不少于3件。

检查方法：观察。

（4）钢筋半成品及预埋件的尺寸偏差应符合规定。

检查数量：每一工作班检验次数不少于一次，每次以同一工序同一类型的钢筋半成品或预埋件为一批，每批随机抽件数量不少于3件。

检查方法：观察和用尺量。

（5）绑扎成型的钢筋骨架周边两排钢筋不得缺扣，绑扎骨架其余部位缺扣、松扣的总数量不得超过绑扣总数的20%，且不应有相邻两点缺扣或松扣。

检查数量：全数检查；

检验方法：观察及摇动检查。

（6）焊接成型的钢筋骨架应牢固、无变形。焊接骨架漏焊、开焊的总数量不得超过焊点总数的4%，且不应有相邻两点漏焊或开焊。

检查数量：全数检查；

检验方法：观察及摇动检查。

（7）钢筋成品尺寸允许偏差应符合规定。

检查数量：以同一班组同一类型成品为一检验批，在逐件目测检验的基础上，随机抽件5%，且不少于3件。

检查方法：观察和用尺量。

4. 钢筋成品检测

（1）钢筋骨架、点焊钢筋网片的端头不齐：

1）定义：主筋和副筋端头参差不齐的相对偏差值。

2）检验方法：在骨架或网片的一端，目测确定冒出最长的一根钢筋，在顶点沿垂直方向安放靠尺，用楔形塞尺或尺量测与该筋相平行的其他钢筋顶点至靠尺之间的距离，记录其中最大值。

（2）钢筋骨架长度、钢筋网片长度：

检验方法：在骨架（网片）的两端，分别目测确定其端点，在两端点处沿骨架（网片）纵轴线的垂直方向，安放靠尺，用尺量测两平行靠尺之间的距离。

（3）钢筋网片宽度：

检验方法：在网片两侧，分别目测确定其端点，在两端点处沿网片纵轴线方向安放靠尺，用尺量测两平行靠尺之间的距离。

（4）钢筋骨架宽度：

检验方法：用尺量测骨架最外边箍筋外径的水平距离。

（5）钢筋骨架高度：

检验方法：用尺量测骨架箍筋外径的垂直距离，对变高度的梁，应分别量测最高、最低两个箍筋，对桁架类型梁，应量测上弦、下弦和腹杆三个部位的箍筋。

（6）主筋间距、排距：

检验方法：用尺沿垂直主筋方向，量测相邻两主筋之间的净距离，再加上被检两根主筋直径总和的一半。

（7）箍筋间距、网格间距：

检验方法：用尺在等间距箍筋或网格的1m范围内量测几个箍筋或网格筋的总距离，再计算出几个间距的平均距离。

（8）钢筋桁架纵筋净距：

检验方法：用尺量测两个纵筋之间的垂直净距离。

（9）钢筋桁架横筋间距：

检验方法：用尺量测两个横筋之间的垂直净距离，再加上被检查一根横钢筋的直径。

（10）钢筋桁架每米长度内，沿长度方向与纵轴偏移：

检验方法：用尺沿长度方向量测 1m，在该区段两端中心点连线安放靠尺，再用尺量测实际的区段中心点至靠尺的距离。

（11）钢筋桁架垂直度：

检验方法：用方尺紧靠于横筋一端根部，用尺量测横筋另一端至方尺边的净距离。

3.10.3　混凝土检测

1. 主控项目

（1）混凝土原材料的质量必须符合国家现行有关标准的规定。

检查数量：按批检查。

检验方法：检查出厂合格证和进场复验报告。

（2）拌制混凝土所用原材料的品种及规格，必须符合混凝土配合比的规定。

检查数量：每工作班检验不应少于 1 次。

检验方法：按配合比通知单内容逐项核对，并作出记录。

（3）预制构件的混凝土强度应按现行国家标准《混凝土强度检验评定标准》GB/T 50107 的规定进行分批评定，混凝土强度评定结果应合格。

检查数量：按批检查。

检验方法：检查混凝土强度报告及混凝土强度检验评定记录。

（4）预制构件的混凝土耐久性指标应符合设计规定。

检查数量：按同一配合比进行检查。

检验方法：检查混凝土耐久性指标试验报告。

2.一般项目

（1）拌制混凝土所用原材料的数量应符合混凝土配合比的规定。混凝土原材料每盘称量的偏差不应大于规范规定。

检查数量：每工作班不应少于1次；

检验方法：检查复核称量装置的数值。

（2）拌合混凝土前，应测定砂、石含水率，并根据测定结果调整材料用量，提出混凝土施工配合比。当遇到雨天或含水率变化大时，应增加含水率测定次数，并及时调整水和骨料的重量。

检查数量：每工作班不应少于1次；

检验方法：检查砂、石含水率测量记录及施工配合比。

（3）混凝土拌合物应搅拌均匀、颜色一致，其工作性应符合混凝土配合比的规定。

检查数量：同一强度等级每台班至少检查1次；

检验方法：观察、用混凝土塌落度筒或维勃稠度仪抽样检查。

（4）预制构件成型后应按生产方案规定的混凝土养护制度进行养护；当采用加热养护时，升温速度、恒温温度及降温速度应不超过方案规定的数值。

检查数量：按批检查；

检验方法：检查养护及测温记录。

3.10.4 构件质量检测

1.外观检测

（1）露筋

1）定义：凡构件内部配置的主筋、副筋或箍筋外露于混凝土表面者，均作为露筋。

2）检验方法：对构件各个面目测，在露筋部位做出标志，用尺量测长度。

（2）蜂窝

1）定义：构件混凝土表面因缺少水泥砂浆而形成酥松、石子架空外露的缺陷。

2）检验方法：对构件各个面目测，在蜂窝部位做出标志，用尺量测并计算其面积，或用百格网量测。

（3）孔洞

1）定义：构件混凝土存在最大直径和深度超过保护层厚度的空穴缺陷。

2）检验方法：对构件各个面目测，在孔洞部位做出标志，用尺量测。

（4）裂缝

1）定义：构件存在直观可见伸入混凝土内的缝隙。

2）检验方法：对构件各个面目测，在裂缝部位做出标志，用尺量测其长度，并记录裂缝的所在部位、方向、长度及特征。

注：裂缝的分类：

A 按裂缝的延伸方向分：

a：纵向裂缝：延伸方向与构件长度相平行的裂缝；

b：横向裂缝：延伸方向与构件宽度相平行的裂缝；

c：垂直裂缝：延伸方向与构件高度相平行的裂缝；

d：剪力方向裂缝：在简支受弯构件两端 1/4 跨长范围内，由支座部位开始与水平面成 30°至 60°方向延伸的裂缝。

B 按裂缝的分布部位分

a：表面裂缝：在构件安装状态下的表面裂缝；

b：侧面裂缝：在构件安装状态下的两个侧面及各个肋表面的裂缝；

c：肋端裂缝：板肋端部位肋板结合处的水平裂缝；

d：底面裂缝：在构件安装状态下的表面裂缝；

e：角裂：在槽形板纵肋与横肋交接处垂直裂缝。

（5）外形缺陷

1）定义：构件混凝土内部密实，而在局部表面形成缺浆、起砂、粗糙、粘皮等缺陷。

2）检验方法：对构件各个面目测，在缺陷部位做出标志，用尺量测并计算其面积，或用百格网量测。

（6）外表缺陷

1）定义：在构件边角处存在局部混凝土劈裂、脱落或形成环状裂缝等缺陷。

2）检验方法：全面目测，对缺陷部位的斜面用尺量测计算其面积并加以累计，求一件构件硬伤掉角总面积。

2.构件允许偏差项目

（1）长度

定义：构件最长边的长度。

检验方法：用尺量平行于构件长度方向的任何部位。

（2）宽度

定义：构件在安装状态下，与长边横向垂直边的长度。

检验方法：用尺在构件中部或端部量测。

（3）高度

定义：构件在安装状态下，与长边竖向垂直边的长度。

检验方法：用尺在构件中部或端部量测。

（4）板厚

检验方法：一般平板或空心板，选取外露的薄板部位，用尺量测槽形板，在同一部位，用尺分别量测板的总高与其肋净高，两者差值即为板厚。

（5）肋宽

检验方法：空心板，选其外露的中间部位的肋用尺量测；槽形板选其纵肋用尺量测。

（6）对角线差

检验方法：在构件表面，用尺分别量测两对角线的长度，取其绝对值的差值。

（7）侧向弯曲

定义：构件在安装状态下，全长的侧面与平行于长度方向直线之间的最大水平偏差。

检验方法：沿构件长度方向拉线，用尺量测构件侧边与拉线之间的最大水平距离，减去拉线端定线垫板的厚度。

（8）表面平整

定义：构件操作面的全平面与局部平面的高低偏差。

检验方法：用 2m 长靠尺安放于构件表面任何部位，用楔形塞尺量测靠尺与板面之间的最大缝隙。

（9）扭翘

定义：板类构件在安装状态下，底面四个角端的水平高低差。

检验方法：构件放置平稳，将调平尺安放在构件两端的上表面量测。也可以用四对角拉两条线，量测两线之间的距离，其值的 2 倍为扭翘值。

（10）中心线位置偏移

检验方法：用尺量测纵横两个方向的中心线位置，记录其中较大值。

（11）预埋铁件平面高差

检验方法：用方尺紧靠在混凝土预埋铁件部位，用楔形塞尺量测铁件平面与混凝土表面的最大缝隙。

（12）留出长度

检验方法：用尺量测留出螺栓、主筋、插筋等根部至顶端的长度。

（13）钢筋保护层

定义：钢筋外皮至混凝土外表面的最小混凝土层厚度。

检验方法：用尺或用钢筋保护层厚度测定仪量测。

（14）镶边宽

定义：外墙板装饰面周边凹凸的宽度。

检验方法：用尺量测镶边宽度。

（15）桩顶偏斜

定义：桩顶平面与桩身侧面（桩中轴线）的不垂直度偏差。

检验方法：将方尺内侧的一边紧靠在桩身侧面，另一边与桩顶面接触，用楔形塞尺量测方尺内侧边与桩顶面之间的最大缝隙。

（16）起拱或下垂

定义：构件在安装状态下，底面全长与相对的平行直线之间的垂直距离，平行直线之上的距离为起拱，平行直线之下的距离为下垂。

检验方法：沿构件长度方向拉线，用尺量测构件底面中间部位与拉线之间的最大垂直距离，减去拉线端定线垫板的厚度。

（17）预留孔、洞规格尺寸

检验方法：用尺量测。

工业化住宅构件规格尺寸质量检验标准，见表 3.10-2。

工业化住宅构件规格尺寸质量检验标准　　表 3.10-2

项　　目		允许偏差（mm）	检验方法
长(宽)、高		±3	用钢卷尺量测
厚		+2，−1	用钢尺量测
对角线差		5	用钢卷尺量两对角长
侧向弯曲		$L/1500$ 且≤2	拉线用刚才量最大弯处
翘曲		2	两对角拉线钢尺量交点距离，其值乘以2
相邻表面垂直偏差		2	用方尺或挂线检查
表面平整	模板面	3	2m 靠尺和塞尺测量
	抹光面	4	
门窗口	宽、高	±3	用钢卷尺量测
	对角线差	4	用钢卷尺量两对角长
	侧向弯曲	2	拉线用钢尺量最大弯处
预埋螺母、螺栓中心位置		2	用钢尺量两个方向
预埋螺栓外露长度		+5，−0	用钢尺量测
套筒位置		2	用钢尺量测
预埋铁件	中心位置	5	用钢尺量两个方向
	高差	±2	用钢尺量测

项 目		允许偏差(mm)	检验方法
预留管孔	中心位置	3	用钢尺量两个方向
	尺寸	+5,−2	用钢尺量测
外露钢筋长度		+10,−5	用钢尺量测
套筒连接钢筋外露长度		±5	用钢尺量测
主筋保护层厚度		±3	用钢尺量测

3.10.5 构件结构性能检测

1. 检验内容

钢筋混凝土构件进行承载力、挠度和裂缝宽度检验。

2. 检验数量

对成批生产的构件，应按同一工艺正常生产的不超过 1000 件且不超过 3 个月的同类型产品为一批。当连续检验 10 批且每批的结构性能检测结果均符合本规范要求时，对同一工艺正常生产的构件，可改为不超过 2000 件且不超过 3 个月的同类型产品为一批。在每批中应随机抽取一个构件作为试件进行检验。

3. 检验方法

（1）预制构件结构性能试验条件应满足下列要求：

1）构件应在 0℃以上的温度中进行试验。

2）蒸汽养护后的构件应在冷却至常温后进行试验。

3）构件在试验前应量测其实际尺寸，并检查构件表面，所有的缺陷和裂缝应在构件上标出。

4）试验用的加荷设备及量测仪表应预先进行标定或校准确。

（2）试验构件的支承方式应符合下列规定：

1）板、梁和桁架等简支构件，试验时应一端采用铰支承，另一端采用滚动支承。铰支承可采用角钢、半圆形钢或焊于钢板上的圆钢，滚动支承可采用圆钢。

2）四边简支或四角简支的双向板，其支承方式应保证支承处构件能自由转动，支承面可以相对水平移动。

3）当试验的构件承受较大集中力或支座反力时，应对支承部分进行局部受压承载力验算。

4）构件与支承的中心线位置应符合标准图或设计的要求。

（3）试验构件的荷载布置应符合标准图或设计的要求。

1）构件的试验荷载布置应符合标准图或设计的要求。

2）当试验荷载布置不能完全与标准图或设计的要求相符时，应按荷载效应等效的原则换算，即使构件试验的内力图形与设计的内力图形相似是而非，并使控制截面上的内力值相等，但应考虑荷载布置改变后对构件其他部位的不利影响。

（4）加载方法应根据标准图或设计的加载要求、构件类型及设备条件等进行选择。当按不同形式荷载组合进行加载试验（包括均布荷载、集中荷载、水平荷载和竖向荷载等 0 时，各种荷载应按比例增加。

1）荷重块加载：荷重块加载适用于均布加载试验。荷重块应按区格成垛堆放，垛与垛之间间隙不宜小于 50mm。

2）千斤顶加载：千斤顶加载适用于集中加载试验。千斤顶加载时，可采用分配梁系统实现多点集中加载。千斤顶的加载值宜采用荷载传感器量测，也可采用油压表量测。

3）梁或桁架可采用水平对顶加载方法，此时构件应垫平且不应妨碍构件在水平方向的位移。梁也可采用竖直对顶的加载方法。

（5）构件应分级加载。当荷载小于荷载标准值时，每级荷载不应大于荷载标准值的 20%；当荷载大于荷载标准值时，每级荷载不应大于荷载标准值的 10%；当荷载接近抗裂检验荷载值时，每级荷载不应大于荷载标准值的 5%；当荷载接近承载力检验荷载时，每级荷载不应大于承载力检验荷载设计值的 5%。对仅作挠度、抗裂或裂缝宽度检验的构件应分级卸载。作用在构件上的试验设备重量及构件自重应作为第一次加载的一部分。

（6）每级加载完成后，应持续 10～15min，在荷载标准值作用下，应持续 30min。在持续时间内，应观察裂缝的出现和开展，以及钢筋有无滑移等；在持续时间结束时，应观察并记录各项读数。

（7）构件挠度可用百分表、位移传感器、水平仪等进行观测。接近破坏阶段的挠度，可用水平仪可拉线、钢尺等测量。试验时，应量测构件跨中位移和支座沉陷。对宽度较大的构件，应在每一量测截面的两边或两肋布置测点，并取其量测结果的平均值作为该处的位移。

（8）当采用等效集中力加载模拟均布荷载进行试验时，挠度实测值应乘以修正系数。当采用三分点加载时挠度实测值可取为0.98。当采用其他形式集中力加载时，挠度实测值应经计算确定。

（9）试验中裂缝的观测应符合下列规定：

1）观察裂缝出现可采用放大镜。若试验中未能及时观察到正截面裂缝的出现，可取荷载—挠度曲线上的转折点（曲线第一弯转段两端点切线的交点）的荷载值作为构件的开裂荷载实测值；

2）构件抗裂检验中，当在规定的荷载持续时间内出现裂缝时，应取本级荷载值与前一级荷载值的平均值；其开缝时，应取本级荷载值作为其开裂荷载实测值；

3）裂缝宽度可采用精度 0.05mm 的刻度放大镜等仪器进行观测；

4）对正截面裂缝，应量测受拉主筋处的最大裂缝宽度；对斜截面裂缝，应量测腹部斜斜裂缝的最大裂缝宽度。确定受弯构件受拉主筋片的裂缝宽度时应在构件侧面量测。

（10）试验时必须注意下列安全事项：

1）试验的加荷设备、支架、支墩等，应有足够的承载力安全储备；

2）对屋架等大型构件进行加载试验时，必须根据设计要求设置侧向支承，以防止构件受力后产生侧向弯曲和倾倒；侧向支承应不妨碍构件在其平面内的位移；

3）试验过程中应注意人身和仪表安全；为了防止构件破坏时试验设备及构件坍落，应采取安全措施（如在试验构件晴面设置防护支承等）。

（11）构件试验报告应符合下列要求：

1）试验报告应包括试验背景、试验方案、试验记录、检验结论等内容不得漏项缺检；

2）试验报告中的原始数据和观察记录必须真实、准确，不得任意涂抹篡改；

3）试验报告宜在试验现场完成，及时审核、签字、盖章，并登记归档。

3.11 基于RFID的预制构件全寿命周期管理技术

建筑业一直缺少在项目寿命周期各阶段能够进行信息创建、管理、共享的信息系统，各参与方沟通不畅，只注重本部门、本阶段的优化和成本降低，造成局部最优却无法形成全寿命周期整体最优的结果。建筑信息模型（Building Information Modeling，BIM）概念的出现和发展，为各参与方在各阶段共享工程信息提供了技术平台；而BIM和无线射频识别（Radio Frequency I-Dentification，RFID）技术结合应用可以更好地实现信息收集、传递、反馈控制，对项目的管理产生有益的推动作用。

RFID是一种非接触的自动识别技术，一般由电子标签、阅读器、中间件、软件系统四部分组成，它的基本特点是电子标签与阅读器不需要直接接触，通过空间磁场或电磁场耦合来进行信息交换。

RFID的优点是非接触式的信息读取，不受覆盖遮挡的影响（但金属材质会产生一定的影响），穿透性好；阅读器可以同时接收多个电子标签的信息；抗污染能力和耐久性好；可重复使用。

装配式建筑与现浇建筑相比，多出一个构件生产制造的阶段，此阶段也是 RFID 标签置入的阶段，因此生产制造阶段也要纳入装配式建筑寿命周期管理的范围内。BIM 和 RFID 在全寿命周期管理中应用的系统架构如图 3.11-1 所示。

图 3.11-1　装配式建筑全寿命周期中 BIM 和 RFID 应用系统架构

1. 规划设计阶段的管理

此阶段主要是 BIM 发挥作用，其参数化、相互关联、协同一致的理念使得项目在设计规划阶段就由多方共同参与，在传统模式下由于业主对建筑产品不满意或者由于各专业设计冲突而造成的设计变更等问题，可以得到很好的解决。

（1）BIM 模型的建立及图纸绘制。参数化的 BIM 模型中，每个模型图元都有实际工程含义，模型中包含了构件的空间尺寸、拓扑关系、材料属性等。协同一致是参数化特性的衍生，当所有构件都是由参数加以控制时，就实现了模型的关联性。如果模型中的某个对象发生变化，与之关联的所有对象都会随之更新，同时，模型的修改都会反映在对应图纸中，其设计和修改方式都十分便捷，不必像传统方式那样分别修改平、立、剖图，提高了工作效率，并解决了长期以来图纸之间的错、漏、缺而导致的信息不一致的问题。

参数化的设计方式还可以建立构件的信息资料库，如在Autodesk公司的BIM软件Revit Architecture中，参数化构件被称为称"族"（Family），无须任何编程语言或代码就可以创建装配式建筑的构件（例如墙、梁、柱等），并通过改变具体的尺寸，材料属性等来逐步深化设计，建立的构件数据保存在BIM模型之中并可被各方共同使用，为后续各阶段工作打下良好的基础，图3.11-2为BIM中生成的模型及图纸。

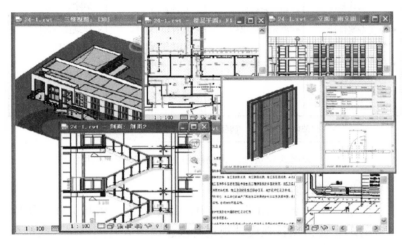

图 3.11-2　BIM中模型的建立与图纸绘制

（2）协同工作及施工冲突检查。BIM提供了工程建设行业三维设计信息交互的平台，通过使用相同的数据交换标准（一般国际上通用IFC标准）将不同专业的设计模型在同一个平台上合并，使得各参与方、各专业协同工作成为可能。例如，当结构工程师修改结构图时，如果对水电管线造成不利影响，在BIM模型中能立刻体现出来，见图3.11-3。另外，业主和施工方也能够在早期参与到设计工作中，对设计方案提出合理化的建议，将因设计失误和业主对建筑产品不满意而造成的设计变更降至最低，解决传统设计中因信息流通不畅造成的设计冲突问题。

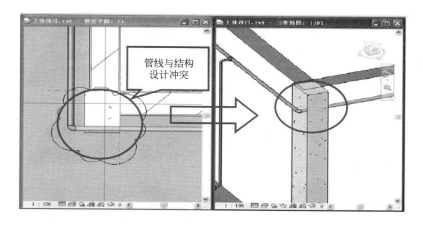

图 3.11-3　管线与结构设计冲突

（3）工程量统计与造价管理。使用 CAD 图纸的情况下，造价人员需要花费 50%～80% 的时间统计工程量，而在 BIM 中，工程量可以由计算机根据模型中的数据直接测算，并通过 API 接口、开放式数据库或通过 IFC 等公开或不公开的各类标准以数据文件的形式与造价软件相关联，提升了造价管理水平。同时，配合项目进度管理软件，如 MS Project、P3 等，可根据进度计划安排对施工过程进行模拟，对建设项目有更直观地了解和认识。图 3.11-4 是使用 MS Project 和 Autodesk Navisworks Manage 所做的施工进度模拟。

2. 规划设计阶段的管理

（1）预制构件 RFID 编码体系的设计。在构件的生产制造阶段，需要对构件置入 RFID 标签，标签内包含有构件单元的各种信息，以便于在运输、存储、施工吊装的过程中对构件进行管理，RFID 标签的编码原则是：唯一性，保证构件单元对应唯一的代码标识，确保其在生产、运输、吊装施工中信息准确；可扩展性，应考虑多方面的因素，预留扩展区域，为可能出现的其他属性信息保留足够的容量；有含义确保编码卡的操作性和简单

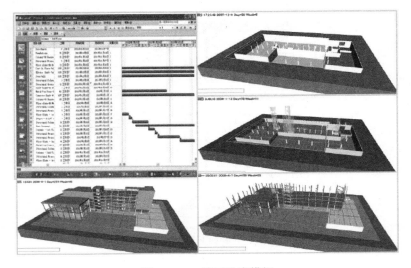

图 3.11-4　施工进度模拟

性，不同于普通商品无含义的"流水码"，建筑产品中构件的数量种类都是提前预设的，且数量不大，使用有含义编码可加深编码的可阅读性，在数据处理方面有优势。图 3.11-5 举例说明构件编码格式。

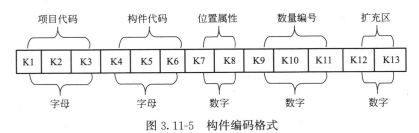

图 3.11-5　构件编码格式

（2）构件的生产运输规划。运用 RFID 技术有助于实现精益建造中零库存，零缺陷的理想目标。根据现场的实际施工进度，迅速将信息反馈到构件生产工厂，调整构件的生产计划，减少待工待料发生概率。在生产运输规划中主要应考虑 3 个方面的问题：一是根据构件的大小规划运输车次，某些特殊或巨大的构件单元要做好充分的准备；二是根据存储区域的位置规划构件的运输路线；三是根据施工顺序规划构件运输顺序。

3. 建造施工阶段的管理

装配式建筑的施工管理过程中，应当重点考虑构件入场的管理和构件吊装施工中的管理两方面的问题。在此阶段，以 RFID 技术为主追踪监控构件存储吊装的实际进程，并以无线网络即时传递信息（图 3.11-6），同时将 RFID 与 BIM 结合，信息准确丰富，传递速度快，减少人工录入信息可能造成的错误，如在构件进场检查时，甚至无须人工介入，直接设置固定的 RFID 阅读器，只要运输车辆速度满足条件，即可采集数据。BIM 和 RFID 在现场进度跟踪、质量控制等应用中几种不同的情况如表 3.11-1 所示。

图 3.11-6　RFID 技术在施工阶段的应用

建设项目中 BIM 与 RFID 结合运用的情况比较　表 3.11-1

	信息采集	信息处理	信息应用
没有 BIM 没有 RFID	手工填写、照相、扫描、录入	DOC 文件、Excel 表格、图像、文件夹、数据库	信息不及时、难查找、与项目进度没有关联，可以存档、不方便使用

	信息采集	信息处理	信息应用
没有 BIM 有 RFID	RFID、智能手机、互联网自动采集	DOC 文件、Excel 表格、图像、文件夹、数据库	信息及时、难查找、与项目进度没有关联,用于采购管理、物流管理、库存管理等办公和财务自动化,信息可以存档、不方便使用
有 BIM 没有 RFID	手工填写、照相、扫描、录入	BIM 模型	信息不及时、易查找、与项目进度关联,记录项目的信息方便在此查找使用
有 BIM 有 RFID	RFID、智能手机、互联网自动采集	BIM 模型	信息及时、易查找、与项目进度关联,除了传统的办公和财务自动化应用外,还可以用于施工现场实际进度和计划进度比较、材料设备动态管理、重点工程和隐蔽工程品质控制等

4.运营维护阶段的管理

（1）物业管理。在物业管理中，RFID 在设施管理、门禁系统方面应用的很多，如在各种管线的阀门上安装电子标签，标签中存有该阀门的相关信息如维修次数、最后维护时间等，工作人员可以使用阅读器很方便的寻找到相关设施的位置，每次对设施进行相关操作后，将相应的记录写入 RFID 标签中，同时将这些信息存储到集成 BIM 的物业管理系统中，这样就可以对建筑物中各种设施的运行状况有直观的了解。以往时有发生的装修钻断电缆，水管破裂找不到最近的阀门，电梯没有按时更换部件造成坠落等各种问题都会得以解决。

（2）建筑物改扩建及拆除。装配式建筑的改扩建、拆除过程中，结合运用 BIM 和 RFID 标签也可以起到很好的管理作用。

目前在欧美得到广泛应用的开放式建筑就是装配式建筑的一种，开放式建筑中，用户在保持建筑承重的支撑体（如梁、柱、楼板等）的前提下，可以自由的选择内部填充体结构（如内隔墙、厨卫设备、管线等），此时应用 RFID 标签和 BIM 数据库，可以及时准确地将这些填充体构件安装到对应客户的房间中（图 3.11-7）。当建筑物寿命期结束时，通过 RFID 标签和 BIM 数据库中的信息，还可以判断其中的某些构件是否可以回收利用，可减少材料能源的消耗，满足可持续发展的需要。

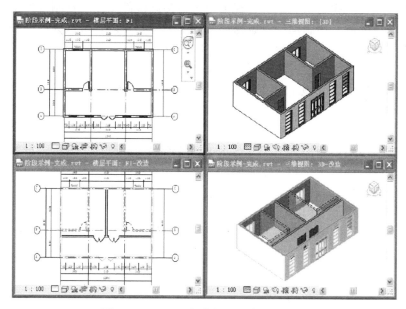

图 3.11-7　BIM 在建筑改扩建中的应用

在装配式建筑的寿命周期管理中，借助 BIM 技术，可以通盘考虑设计、制造、安装的各种要求，通过 BIM 模型实现项目的虚拟建造，包括设计协调、安装模拟、进度模拟等，减少可能出现的问题，同时在制造，安装的过程中结合 RFID 技术对制造安装过程进行信息追踪控制，保障项目按质、按期、按价完成。

第4章 建筑工业化项目施工技术

4.1 施工方案的初步设计

装配式结构的施工过程主要包括预制构件制作、预制构件运输与堆放、预制构件安装与连接等三个主要阶段，可分为构件制作、翻转、运输、堆放、吊装、临时固定、节点与接缝施工等环节，其工序较多、施工过程管理严格，并具有很强的专业性，应编制指导整个施工过程的专项施工方案，并经监理单位审核批准。根据工程实际情况，装配式结构施工方案也可由多个专项施工方案组成，其内容一般包括：

（1）预制构件生产方案，包括生产进度和劳动力安排、材料供应、构件制作的台座或模具、构件的钢筋制作、混凝土浇筑与振捣、构件养护、构件脱模和起吊、预应力筋张拉与放张、场内运输和堆放等内容。

（2）运输与堆放方案，包括运输时间和次序、运输线路、运输车辆、运输固定要求、堆放场地、堆放支垫及成品保护措施等内容。对于超高、超宽、形状特殊的大型构件的运输和堆放应采取专门技术措施。

（3）安装与连接方案，包括施工进度计划、施工现场布置、准备工作、构件现场吊装、临时固定措施、节点与接缝施工工艺要求、其他有关分项工程的配合要求等。

（4）施工质量要求和质量保证措施，例如预制构件连接处的钢筋连接与混凝土浇筑、叠合楼盖的后浇混凝土层浇筑、装配式楼盖与周边支承结构的连接等重要施工过程以及施工全过程预制构件成品保护及修补的技术措施等。

（5）施工全过程的安全要求和安全保证措施，特别是构件吊运阶段的施工安全应有切实的保障；

（6）施工现场管理机构和质量管理措施，包括施工全过程的质量管理体系、各环节的质量负责人及组织、材料及施工质量控制点标准、质量记录表格、构件标识等。应通过可靠的质量管理措施保证预制构件、连接件及其他相关材料的可追溯性，以便于在施工中发现质量问题并及时进行修补、更换。

4.2 施工方案的深化设计

对于结构较复杂而设计文件又不够详细的情况，需要进行深化设计，而采用标准预制构件时，可使用设计认可的标准图集详图及施工方法。装配式结构的深化设计应是设计工作的进一步延续，深化设计文件是施工的主要依据。深化设计应由一个具有综合各专业能力、有各专业施工经验的组织（施工总承包方）来承担，深化设计的结果应经原设计单位认可。

预制构件深化设计过程中，各专业方的需求就是需要在设计过程中把握的要点。设计要点把握遵循以下原则：业主方（含设计）需求，是决定构件深化设计方向的决定性因素。施工需求及生产需求是较为隐含的需求条件，也是构件从设计完成后到具备加工条件、安装条件而必须执行的需求，而这两个需求的强制性与灵活性也反过来制约着业主需求。由于必须满足施工需求与生产需求条件的存在，需要不断对业主需求进行调整，并逐步形成一个各方都能接受的深化设计成果，这就是深化设计工作的核心和必须完成的任务。预制构件深化设计是综合反应各专业需求的过程，同时也是将各设计综合要点体现的过程。

1. 预制构件深化设计建筑专业设计要点：

（1）根据砌筑结构抗震构造要求，需设置水平墙体拉结筋，而砌筑施工中，该部分为二次砌筑，墙体拉结筋通常采用植筋方式，这点在预制构件深化设计中需重点考虑。1）可采取回避方式，避免采用必须设置拉结筋的砌筑材料，可选用预制轻质条板隔墙或免抹灰大孔轻集料砌块等无须设置墙体拉结筋的砌筑材料；2）可采用在预制墙板预埋钢筋连接钢板，将墙体水平拉结筋以焊接方式与预制构件相连接。

（2）门窗安装深化设计，构件厂生产的预制构件，由于生产方式特殊，具有截面尺寸精确的特点，门窗设计就应充分利用这一优势，采用无副框安装方式，从构造上解决外墙与外窗接缝渗漏问题。

（3）小型金属构件深化设计，对于住宅而言，小型金属构件主要包括室内外栏杆、金属空调板、装饰构件连接件等，传统结构形式下，由于安装该类小型金属预埋板有定位难的问题，通常采用后埋锚固的方式，即采用膨胀螺栓或化学锚固安装，而对于预制构件厂生产过程中进行金属预埋件预埋作业而言，预埋精确容易实现，深化设计中要考虑的设计要点主要集中在该类预埋件精确定位与其他专业构造冲突关系上，如是否预埋锚固筋与结构筋冲突、是否锚固长度足够、是否与其他专业预埋件有冲突、是否可实现一埋多用等问题。

2. 预制构件深化设计设备专业深化设计要点：

（1）燃气专业预留预埋：对预制构件进行该专业预留时，主要考虑可满足入户燃气管径大小与定位即可，其中定位问题的把握即为将传统结构中管道预留位置转为相对于工厂生产构件时的问题。

（2）给水排水专业预留预埋：给水排水专业预留预埋主要集中于厨房卫生间预制墙体管道槽预留，主要考虑以下因素：1）预留管道槽绝对位置如何正确反映到构件生产图纸中；2）预留管道槽能否满足管道安装与接驳，例如，需在管道弯头处局部增加留槽深度，确保后装管道弯头与预留管道槽匹配；3）预留管道槽深度与管道规格相匹配，确保不会因留槽过浅而导致装修完成后出现管道外漏问题。

（3）电器专业深化设计要点：预制构件电气专业的深化设计

主要考虑主如下因素：1）强弱电专业对不同材质线管线盒的需求；2）线管直径需考虑后续作业穿线数量及线径的影响；3）需要考虑如何实现电气管线后续施工的接驳。

叠合板综合管线排布设计针对预制构件电气专业施工而进行的管线排布深化设计，与宏观电气深化设计不同，由于预制构件本身截面尺寸的限制，预制构件电气深化设计要求更为精确，一旦设计完成加工制作，与预制构件预埋线盒接驳位置也已经确定，属于微观尺度深化设计。提前考虑管线排布情况，根据排布情况对宏观电箱布局及叠合板平面布局、细部末端设备布局进行调整，杜绝出现管线二次交叉情况，对不可避免出现的一次交叉部位在叠合板预留线槽，解决排布空间不足的问题，并对管线安装预留接驳部位，避免管线穿过桁架钢筋造成施工降效。

3.预制构件深化设计施工需求要点

（1）施工吊装就位需求：起吊点位置及起吊方式选择：1）需将起吊点设置于预制构件重心部位，避免构件吊装过程中由于自身受力状态下不平衡而导致的构件旋转问题；2）当预制构件生产状态与安装状态构件姿态一致时，尽可能将施工起吊点与构件生产脱模起吊点统一；3）当预制构件生产状态与安装状态不一致时，尽可能将脱模用起吊点设置于安装后不影响观看部位，并加工成容易移除的方式，避免对构件管感造成影响；4）起吊点位于可能影响构件观感位置时，可采用预埋下沉螺母方式，待吊装完成后，经简单处理即可将吊装用螺母空洞封堵；5）考虑安装起吊时可能存在的预制构件由于吊装受力状态与安装受力状态不一致而导致不合理受力开裂损坏问题，设置吊装临时加固措施，避免由于吊装而造成构件损坏。

（2）施工支设模板需求：针对吊装完成后预制墙板之间通过现浇方式形成整体的特点，构件深化设计中，需对安装后可能面临的模板支设问题综合考虑。施工支设模板需求主要通过在合适部位预留支模空洞或螺母解决。

同样由于施工预制墙板间接点时存在模板与预制构件直接拼

接的特点，还需要对预制构件加工精度进行人为控制，解决模板与预制构件拼缝不严而导致浇筑完成后出现漏浆等观感质量问题。

4.预制构件深化设计生产需求要点

（1）模板加工对构件深化设计的影响：对于预制构件生产过程来说，模板设计加工对生产起决定作用，深化设计时需要考虑模板安装与紧固可行性、模板对预留预埋件安装定位可行性，同时，深化设计还要为制作完成后的构件脱模起吊预留必要埋件。

（2）构件生产固有顺序对构件深化设计的影响：预制构件生产，有别于传统现浇结构制作工序。例如，预制外墙为夹心保温构造，采用反打工艺生产，即首先制作饰面层，然后制作结构层，深化设计过程中考虑在预制墙板外饰面预留外向安装螺母来加固模板，但由于预制墙板采用反打工艺，决定了这一设想与构件生产模板体系相冲突而不可行。

（3）构件场内运输对深化设计的影响：深化设计需考虑为构件运输与翻身预留必要措施，如墙板生产采用平模生产，生产完成后脱模时，需考虑脱模起吊点的设置，该起吊点应在构件深化设计时确认，避免起吊点与其他部位可能产生冲突。

通过预制构件深化设计工作，将各专业需求进行集合反应，在预制构件生产前，即对整个后续构件生产、构件安装、各专业施工及各专业功能的实现进行宏观把握，最终实现预制构件深化设计的高度集成化。只有通过合理的深化设计流程及对各专业深化设计要点的准确把握，才能解决不断出现的预制构件深化设计新问题。

4.3 BIM技术在建筑工业化施工中的应用

1.施工现场组织与BIM模拟（图4.3-1～图4.3-9）

2.施工模拟碰撞检测（图4.3-10）

3.模拟复杂节点的施工（图4.3-11、图4.3-12）

图 4.3-1 模拟预制外墙支撑件安装

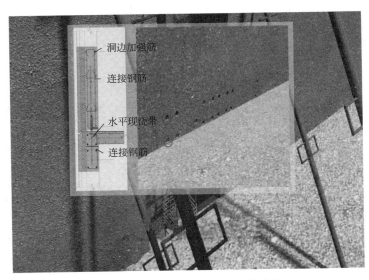

洞边加强筋

连接钢筋

水平现浇带

连接钢筋

图 4.3-2 模拟预制剪力墙套筒灌浆

图 4.3-3　模拟现浇部分模板支护安装

图 4.3-4　模拟现浇部分浇筑

图 4.3-5 模拟预制楼板吊装

图 4.3-6 模拟预制楼梯吊装

图 4.3-7　模拟后置钢筋绑扎

图 4.3-8　完成楼板

图 4.3-9 模拟撕下牛皮纸保护层

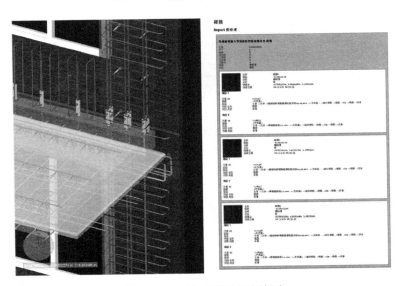

图 4.3-10 施工模拟碰撞检测

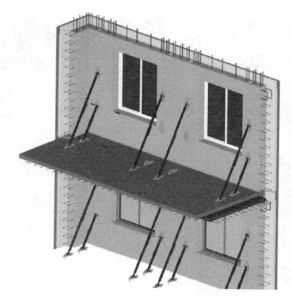

图 4.3-11　模拟复杂节点的施工（一）

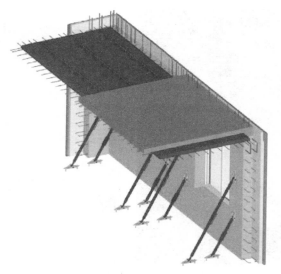

图 4.3-12　模拟复杂节点的施工（二）

4.4　预制楼梯的施工

1.预制楼梯安装工艺流程

熟悉设计图纸核对编号→楼梯上下口铺砂浆找平层→弹出控制线→复核→楼梯板起吊→楼梯板就位→校正→焊接→灌浆→隐蔽检查→验收。

2.起吊前检查吊索具，确保其保持正常工作性能。吊具螺栓出现裂纹、部分螺纹损坏时，应立即进行更换，同时保证施工三层更换一次吊具螺栓，确保吊装安全。检查吊具与预制板背面的4个（8个）预埋吊环是否扣牢，确认无误后方可缓慢起吊。

3.控制线：在楼梯洞口外的板面放样楼梯上、下梯段板控制线。在楼梯平台上划出安装位置（左右、前后控制线）。在墙面上划出标高控制线。

4.在梯段上下口梯梁处铺水泥砂浆找平层，找平层标高要控制准确。

5.弹出楼梯安装控制线，对控制线及标高进行复核，控制安装标高。

6.起吊：预制楼梯梯段采用水平吊装。构件吊装前必须进行试吊，先吊起距地50cm停止，检查钢丝绳、吊钩的受力情况，使楼梯保持水平，然后吊至作业层上空。吊装时，应使踏步平面呈水平状态，便于就位。将楼梯吊具用高强螺栓与楼梯板预埋的内螺纹连接，以便钢丝绳吊具及倒链连接吊装。起吊前，检查吊环，用卡环销紧。图4.4-1、图4.4-2为预制楼梯吊装示意图。

7.楼梯就位：就位时楼梯板要从上垂直向下安装，在作业层上空100cm左右处略作停顿，施工人员手扶楼梯板调整方向，将楼梯板的边线与梯梁上的安放位置线对准，放下时要停稳慢放，严禁快速猛放，以避免冲击力过大造成板面振折裂缝（图4.4-3）。

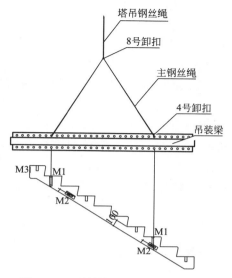

图 4.4-1　预制楼梯吊装示意图（一）

图 4.4-2　预制楼梯吊装示意图（二）

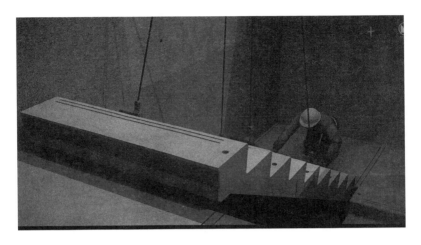

图 4.4-3 楼梯就位

8.校正：基本就位后再用撬棍微调楼梯板，直到位置正确，搁置平实。安装楼梯板时，应特别注意标高正确，校正后再脱钩。

9.楼梯段与平台板连接部位施工。楼梯段校正完毕后，将梯段上口预留孔洞与平台预埋钢筋连接，孔洞内采用灌浆料进行灌浆。

10.成品保护（图 4.4-4）

楼梯安装完成之后应立即采用胶合板进行保护，确保保护到位，在施工过程经常检查保护层是否被破坏，如有破坏应及时恢复。

11.注意事项

（1）构件安装前组织详细的技术交底，使施工管理和操作人员充分明确安装质量要求和技术操作要点，构件起吊前检查吊索具，同时必须进行试吊。

（2）安装前应对构件安装的位置准确放样，并用红漆标出安装中心线、安装标高、搁置点位置等，确保构件安装质量。

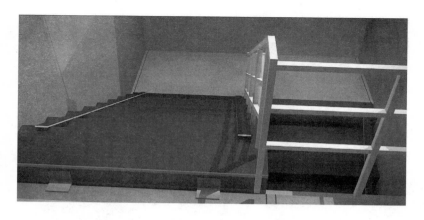

图 4.4-4　成品保护

安装前必须检查并核对构件的质量与型号及方向，安装时严格
控制安装构件的位置和标高，安装误差尺寸控制在规范允许范
围内。

（3）预制楼梯起吊、运输、码放和翻身必须注意平衡，轻起
轻放，防止碰撞，保护好楼梯阴阳角。安装完后用废旧模板制作
护角，避免装修阶段对楼梯阳角的损坏。

4.5　预制构件临时支撑

外墙板临时固定：采用可调节斜支撑将墙板进行固定。先
将固定 U 形卡座安装在预制墙板上，根据楼板膨胀螺栓定位图
将固定 U 形卡座安装在楼面上，吊装完成后将斜支撑安装在
墙板上，长螺杆长 2400mm，按照此长度进行安装，可调节
长度为±100mm。短螺杆长 900mm，按照此长度进行安装，
可调节长度为±100mm。墙板斜支撑示意如图 4.5-1～图
4.5-3 所示。

图 4.5-1 墙板斜支撑（一）

图 4.5-2 墙板斜支撑（二）

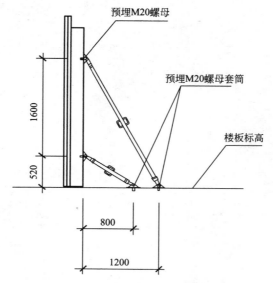

图 4.5-3 预制墙体斜支撑安装示意图

4.6 钢筋灌浆套筒连接

4.6.1 施工准备

1.技术准备

熟悉施工图纸,仔细阅读材料出产说明,做好人员、材料、机具的准备,做好技术方案。

2.机具准备

灌浆施工设备表,如表 4.6-1。

灌浆施工设备表 表 4.6-1

编号	名称	用 途
1	灌浆设备	灌浆用设备
2	线轴	给设备供电

编号	名称	用　　途
3	工具箱	含扳手、十字旋具、钳子等
4	搅拌机具	手电钻,搅拌桶等
5	照相机	现场留存影像资料
6	填缝枪	不具备设备注浆条件时,采用填缝枪人工注浆
7	试模	成型抗压强度试块
8	宽胶带	保护墙体不受污染
9	小铁铲	清理灰渣
10	灌浆堵	封堵灌浆孔和排浆孔
11	注浆管	定期更换
12	小抹刀	
13	灰板	
14	灰斗	

3.材料准备

在施工前,仔细核实施工图中对材料的要求,计算出该工程中所需要的灌浆料用量,提前做好材料进场的复试工作。

4.人员准备

成立灌浆施工项目组,经专业的技术服务单位对成员经过岗位培训,培训合格后持证上岗。准备20组人,每组5人(2人制作浆体,2人灌浆操作,1人负责设备并拍摄照片)。

4.6.2　灌浆施工工艺

灌浆工序,如图4.6-1。

(1)灌浆料检测

灌浆料进场后根据厂家产品说明,由具有资质的单位出具配合比报告,根据配合比报告做好复试工作,在复试合格的情况方

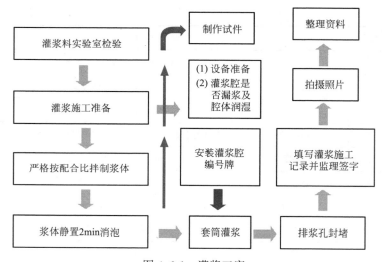

图 4.6-1 灌浆工序

可进行施工。灌浆料经过接头检验合格方可进行现场灌浆施工。灌浆套筒试件见图 4.6-2。

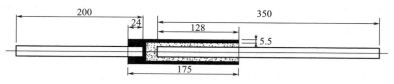

图 4.6-2 灌浆套筒试件

材料复试满足厂家要求，主要指标如表 4.6-2。

材料复试主要指标　　　　　　　　　表 4.6-2

检测项目		性能指标
流动度	初始	≥300mm
	30min	≥260mm
抗压强度	1d	≥35MPa
	3d	≥60MPa
	28d	≥85MPa

检测项目		性能指标
竖向自由膨胀率	24h 与 3h 差值	0.02%～0.5%
氯离子含量		≤0.03%
泌水率		0%

（2）安装灌浆腔编号牌

（3）灌浆料制作

灌浆设备须湿润并严格按照灌浆料厂家提供配合比搅拌；浆体静置 2min 左右消泡，搅拌好后须测试浆料的流动性。浆料试块制作，每工作班，灌浆施工现场制作 40mm×40mm×160mm 的试块 1 组，标准养护，测试 28d 抗压强度。

（4）灌浆

灌浆质量好坏直接影响整个工程的结构安全，所以灌浆是整个施工过程的关键。

将搅拌好的浆料倒入注浆泵，封堵下排灌浆孔，插入注浆管嘴启动注浆泵，待浆料成柱状流出出浆孔时封堵出浆孔，依次封堵所有出浆孔，拔出注浆管，封堵最后一个注浆孔。灌浆须饱满，饱满与否以是否从出浆孔冒出柱状浆体为标记；如出现保压后有出浆孔未冒浆现象，应选择该套筒的注浆孔进行补浆。灌浆施工过程一旦出现漏浆现象，须及时有效封闭并做到二次灌浆饱满，如图 4.6-3、图 4.6-4。

（5）灌浆施工管理控制要点

1）每个灌浆腔拍摄照片留存；

2）灌浆过程拍摄照片须包含灌浆腔编号和有效封堵图片；

3）灌浆施工须有旁站监理在场时方可进行；

4）认真填写《灌浆作业施工质量检查记录表》并由监理签字；

5）加强施工全过程的质量预控，及时做好相关操作记录。

（6）季节性施工技术措施

图 4.6-3　封堵下排注浆孔开始灌浆示意图

图 4.6-4　灌浆完成示意图

1）日最低气温低于5℃不得灌浆施工。

2）气温高于38℃不得灌浆施工。高温天气下应选择早上或傍晚时间施工。

3）雨天不得进行灌浆施工。如遇到突然下雨，应及时将灌浆料进行覆盖，并灌完正在进行的灌浆腔后停止施工。

4.7 叠合构件施工

4.7.1 叠合板施工

1.装配式叠合楼板支撑系统工艺流程

准备工作→测量放线→立钢支撑→安装稳定架→安装卡座木方梁→弹竖向垂直操作线→标高调节→吊装叠合楼板。

2.准备工作

拆除节点模板，清理楼层，仔细核对每个部位叠合板的规格、尺寸。

3.测量放线

根据叠合板平面布置图在楼板上测放出独立支撑的点位，并在房间的四角弹出竖向垂直操作线。

4.支撑体系安装

独立钢支撑、木方梁、托架分别按照平面布置方案放置，调到相应标高，放置主龙骨，工字梁采用可调节木梁 U 型托座进行安装就位，如图 4.7-1、图 4.7-2 所示。

5.叠合板起吊

（1）叠合板起吊时，要尽可能减小在非预应力方向因自重产生的弯矩，采用预制构件吊装梁进行吊装，4 个（或 8 个）吊点均匀受力，保证构件平稳吊装，吊装示意如图 4.7-1～图 4.7-3 所示。

（2）起吊时要先试吊，先吊起距地 50cm 时停止，检查钢丝绳、吊钩的受力情况，使叠合板保持水平，然后吊至作业层上空（图 4.7-4、图 4.7-5）。

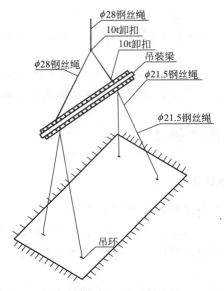

图 4.7-1　预制叠合板吊装工况示意图（4 个吊点）

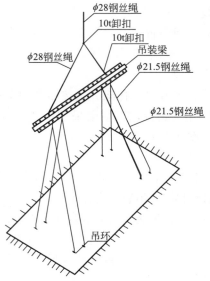

图 4.7-2　预制叠合板吊装工况示意图（8 个吊点）

图 4.7-3 叠合板吊装

图 4.7-4 预制叠合板试吊

图 4.7-5　叠合板安装

（3）就位时叠合板要从上垂直向下安装，在作业层上空50cm处略作停顿，施工人员手扶楼板调整方向，将板的边线与墙上的安放位置线对准，注意避免叠合板上的预留钢筋与墙体钢筋打架，放下时要停稳慢放，严禁快速猛放，以避免冲击力过大造成板面震折裂缝。5级风以上时应停止吊装。

（4）调整板位置时，要垫以小木块，不要直接使用撬棍，以避免损坏板边角，要保证搁置长度，其允许偏差不大于5mm。

（5）楼板安装完后进行标高校核，调节板下的可调支撑。

6.注意事项

（1）构件安装前组织详细的技术交底，使施工管理和操作人员充分明确安装质量要求和技术操作要点，构件起吊前检查吊索具，同时必须进行试吊。

（2）安装前应对叠合板安装的位置准确放样。在剪力墙面上弹出＋1m水平线、墙顶弹出板安放位置线，并做出明显标志，以控制叠合板安装标高和平面位置。安装前必须检查并核对构件的质量与型号及方向，安装时严格控制安装构件的位置和标高，安装误差尺寸控制在规范允许范围内。

（3）安装叠合板部位的墙体，需在墙模板上采取墙顶标高定位措施或浇筑混凝土后人工剔凿对应于叠合板与墙体搭接部位的宽度，保证此部位混凝土的标高及平整度。

（4）对支撑板的剪力墙或梁顶面标高进行认真检查，必要时进行修正，剪力墙顶面超高部分必须凿去，过低的地方用砂浆填平，剪力墙上留出的搭接钢筋不正不直时，要进行修正，以免影响薄板就位。

7.质量标准及保证措施

（1）质量标准

1）进入现场的预制构件必须进行验收，其外观质量、尺寸偏差及结构性能应符合标准图或设计的要求。

2）检查数量：按批检查。

3）预制构件在生产加工过程尺寸允许偏差按表4.7-1执行。

预制构件在生产加工过程尺寸允许偏差　　　表4.7-1

检查项目		允许偏差
尺寸（长/宽/高）	墙板、外挂板	±3mm
	楼板/楼梯	±5mm
侧向弯曲	墙板、外挂板	1/1000 且≤3mm
	楼板/楼梯	1/1000 且≤3mm
对角线	预制构件、配件	±3mm
表面平整度	预制构件、配件	≤2mm
洞口尺寸	墙板、外挂板	±3mm
主筋混凝土保护层	墙板/楼板、外挂板	±2mm
	楼梯	±3mm
预埋件	平整度	1/300

检查项目		允许偏差
预埋件	螺栓外露长度	+5mm,−2mm
预留孔洞	中心线位置	±2mm
	尺寸	+5mm,−2mm
钢筋	中心线位置	±2mm
	外露长度	+5mm,−2mm
人工粗糙面	墙板、外挂板	平均不小于 4mm
	楼板	平均不小于 6mm

4）预制构件在吊装、安装就位和连接施工允许偏差按表 4.7-2 执行。

预埋件允许偏差　　　　表 4.7-2

检查项目	允许偏差	检查项目	允许偏差
现浇结构顶面标高	±5mm	预制墙板水平/竖向缝宽度	±2mm
装配层层高	±5mm	楼板水平缝宽度	±5mm
预制墙板中心线偏移	±2mm	楼层处外露钢筋位置偏移	±2mm
预制墙板垂直度	1/1000 且≤2mm	建筑物全高垂直度	$H/2000$

（2）质量保证措施

1）预制构件与结构之间的连接应符合设计要求。

连接处钢筋或埋件采用焊接和机械连接时，接头质量应符合国家现行标准《钢筋焊接及验收规程》JGJ 18-2012、《钢筋机械连接技术规程》JGJ 107-2010 的要求。

2）承受内力的混凝土接头和拼缝，当其混凝土强度未达到设计要求时，不得吊装上一层结构构件；当设计无具体要求时，应在混凝土强度不小于 $10N/mm^2$ 或具有足够的支承时方可吊装上一层结构构件。

3）已安装完毕的装配式结构，应在混凝土强度达到设计要求后，方可承受全部设计荷载。

4）预制构件码放和运输时的支承位置和方法应符合标准图或设计的要求。

5）预制构件吊装前，应按设计要求在构件和相应的支承结构上标志中心线、标高等控制尺寸，按标准图或设计文件校核预埋件及连接钢筋等，并做出标志。

6）预制构件应按标准图或设计的要求吊装。

7）预制构件安装就位后，应采取保证构件稳定的临时固定措施，并应根据水准点和轴线校正位置。

8）预制构件安装过程中应对以下项目进行控制：

楼梯：主控标高、轴线。

预埋件、预埋螺栓：主控标高、轴线。

墙板：墙板长向偏差、短向偏差、标高和垂直度偏差。

钢筋焊接：墙板顶部暗梁连接的焊接质量控制。

安装控制允许偏差和检验方法按表 4.7-3 中的要求进行控制

安装控制允许偏差和检验方法 表 4.7-3

项　　目	允许偏差（mm）	检验方法
轴线位置（墙板、楼板）	5	钢尺检查
墙板标高	5	水准仪或拉线、钢尺检查
楼板标高	5	水准仪或拉线、钢尺检查
每块外墙板垂直度	6	2m 拖线板检查
相邻两板表面高低差	2	2m 靠尺和塞尺检查
外墙板外表面平整度	3	2m 靠尺和塞尺检查
外墙水平缝、竖直缝	5	钢尺检查

注：本表不计预制构件制作偏差所带来的累计偏差。

4.7.2　叠合梁施工

叠合梁的吊装基本与叠合板相同，只是叠合梁采用两头支撑方式进行支撑，如图 4.7-6 所示。

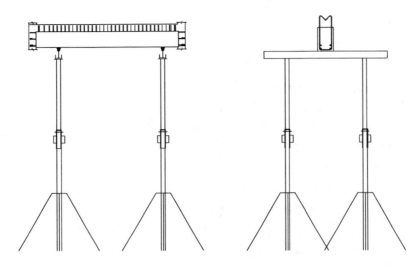

图 4.7-6　叠合梁支撑示意图

4.8　PCF 板施工

1. PCF 施工说明

在 PCF 板内预埋插销和套筒的方式对 PCF 板进行定位和下部临时固定，PCF 板上部倚靠外挂架和内扎钢筋进行临时固定。通过在 PCF 板外背槽钢和内模槽钢相连形成统一支模体系的方式对 PCF 板和节点处混凝土浇筑进行最终的固定。（工业化标准层与现浇层分界层做法为在现浇层上事先预埋插销以方便上层预制构件定位。）

2. PCF 板固定节点平面示意图

见图 4.8-1～图 4.8-3。

3. 主要工具材料（表 4.8-1）

说明：为了尽可能少地在 PCF 板上留置对拉螺栓洞口同时为了满足受力要求，选用槽钢和对拉螺栓作为关模体系。

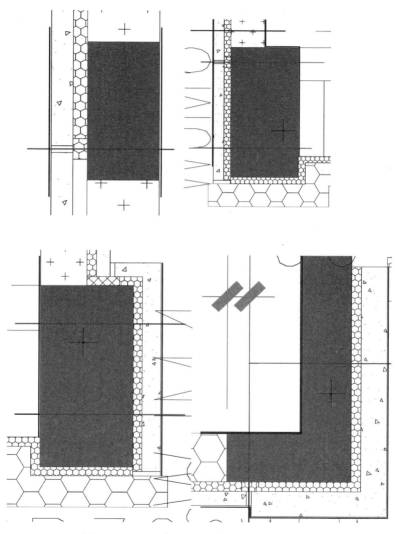

图 4.8-1　PCF 板固定节点平面示意图（一）

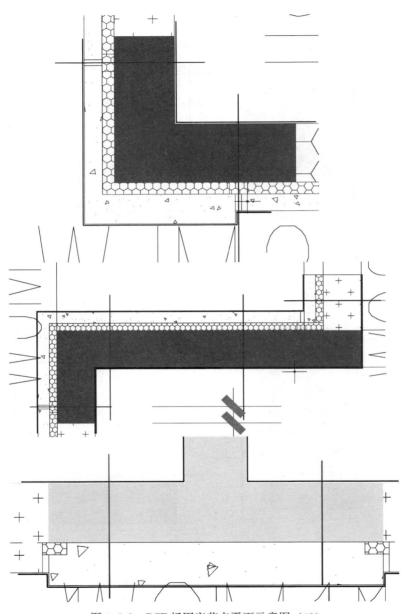

图 4.8-2　PCF 板固定节点平面示意图（二）

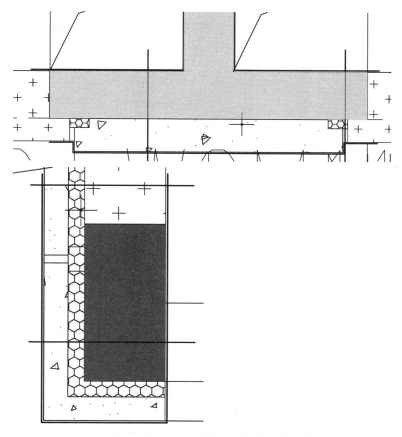

图 4.8-3　PCF 板固定节点平面示意图（三）

主要工具材料

表 4.8-1

1	木楔
2	槽钢
3	定制铝膜
4	PCF 板定位用套筒（已预埋）
5	PCF 板定位用插销（已预埋）
6	对拉螺栓

4.施工工艺流程

施工前准备工作→吊装预制外墙及外挂板就位→绑扎节点处钢筋→吊装 PCF 板→垂直度校准→塔吊脱钩→关模→浇筑混凝土→拆模→后期处理

5.操作要点

（1）施工前准备工作

将所有需在 PCF 板内预埋的措施埋件在图纸里进行定位，反映在构件图中；

构件模具生产顺序和构件加工顺序及构件装车顺序必须与现场吊装计划相对应，避免因为构件未加工或装车顺序错误影响现场施工进度。

（2）吊装预制外墙及外挂板就位

严格按照预制外墙及外挂板施工方案进行施工。

（3）绑扎节点处钢筋

严格按照钢筋施工方案进行施工。

（4）吊装 PCF 板

1）构件吊装前必须整理吊具，并根据构件不同形式和大小安装好吊具，这样既节省吊装时间又可保证吊装质量和安全。

2）构件必须根据吊装顺序进行装车，避免现场转运和查找。

3）构件进场后根据构件标号和吊装计划的吊装序号在构件上标出序号，并在图纸上标出序号位置，这样可直观表示出构件位置，便于吊装工和指挥操作，减少误吊几率。

4）构件吊装前必须在相关构件上将各个截面的控制线提前放好，可节省吊装、调整时间并利于质量控制。

5）构件起吊离开地面时如顶部（表面）未达到水平，必须调整水平后再吊至构件就位处，这样便于套筒及插销的对位和构件就位。

如图 4.8-4～图 4.8-6。

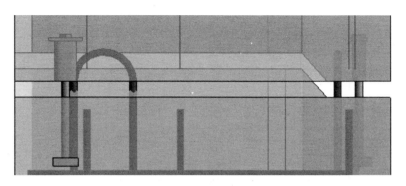

图 4.8-4 套筒及插销对位示意图

注：埋件做热浸镀锌处理。

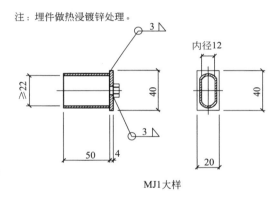

MJ1大样

图 4.8-5 预埋套筒大样图

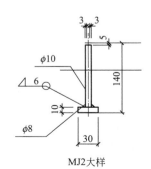

MJ2大样

图 4.8-6 预埋插销大样图

6）节点处钢筋扎好后才能进行 PCF 板的吊装。

（5）垂直度调整

1）吊装就位时预先在下层 PCF 板上放置 20mm 厚调平用木楔进行调平；

2）将 20mm 厚弹性嵌缝材料封堵到位；

3）对 PCF 板进行垂直度校正；

4）使用外挂架及预埋的插销套筒对 PCF 板进行临时固定。

（6）塔吊脱钩

待 PCF 板稳定后塔吊吊钩方可与 PCF 板脱离。

（7）关模（图 4.8-7）

1）在 PCF 板上有预留对拉螺栓洞口的地方直接用对拉螺栓与内置模板及内外槽钢相连形成模板体系；

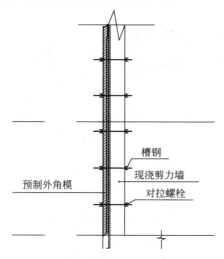

图 4.8-7　关模示意图

2）在 PCF 板与预制墙板缝隙处，对拉螺栓穿 20mm 厚弹性嵌缝材料与内置模板及内外槽钢相连形成模板体系。

（8）浇筑混凝土

1）混凝土自吊斗口下落的自由倾落高度不得超过 2m，如超过 2m 时必须采取串筒措施。

2）浇筑竖向结构混凝土时，如浇筑高度超过 3m 时，应采用串筒、导管、溜槽。

3）待强度达到要求后将临时支撑用木楔取掉，以免上下 PCF 板件出现竖向传力。

（9）拆模

待混凝土强度达到要求后方可拆模。

（10）后期处理

1）割掉 PCF 板吊环以免影响上部结构施工。

2）上下两层 PCF 板间填堵 15mm 厚耐候密封胶。

6. 质量控制

吊装质量控制：

1）PCF 板构件中心线对轴线位置允许偏差 10mm。

2）PCF 板构件标高允许误差±5mm。

3）构件垂直度允许误差 5mm。

4）相邻构件平整度不外露为 10mm，外露为 5mm。

7. 安全措施

（1）吊装前必须检查吊具、钢梁、葫芦、钢丝绳等起重用品的性能是否完好。

（2）严格遵守现场的安全规章制度；所有人员必须参加大型安全活动。

（3）正确使用安全带、安全帽等安全用具。

（4）特种施工人员持证上岗。

（5）对于安全负责人的指令，要自上而下贯彻到最末端，确保对程序、要点进行完整的传达和指示。

（6）在吊装区域、安装区域设置临时围栏、警示标志，临时拆除安全设施（洞口保护网、洞口水平防护）时也一定要取得安全负责人的许可，离开操作场所时需要对安全设施进行复位。禁止有人在吊装范围下方穿越。

（7）所有人员吊装期间进入操作层时必须佩带安全带。

（8）操作结束时一定要清理现场，工作结束后要对工具进行清点。

（9）高空作业时必须保持身体状况良好。

（10）构件起重作业时，操作人员必须持证上岗。绝对禁止无证人员进行起重作业。

4.9　外挂板施工

1. 工艺流程

预制外挂板编号→测量放线→将外挂架安装在预制外挂板上→预制外挂板起吊→预制墙板就位→螺栓对孔→安装临时斜支撑→上层混凝土浇筑后达到强度后安装外挂板。

以上工序中，预制外挂板编号、测量放线、将外挂架安装在预制外挂板上、预制外挂板起吊、预制外挂板就位、螺栓对孔、安装临时斜支撑施工方法同预制外墙板。

2. 外挂板安装

（1）外挂架移走之后，在该层顶板浇筑混凝土达到强度后方可进行预制外挂板的安装施工。

（2）将外挂架移走之后，安装 L 连接件，在确保上下螺栓及 L 连接件均已到位，再仔细核查连接件的位置是否正确、平整。

（3）对 L 连接件进行焊接。

（4）螺栓连接外挂板。

（5）检查验收焊接和螺栓连接件的质量。

4.10　内隔墙板施工

4.10.1　施工准备

（1）仔细复核建筑图与结构图是否吻合，核对建筑图中的排版是否正确合理。

（2）对每个部位的材料进行计算分析，合理使用材料，减少材料浪费。

（3）机具设备（表 4.10-1）

机具设备   表 4.10-1

名称	功率(kW)	主要功能
专用切割机	1.75	用于现场 ALC 板切断
冲击锤	1.5	用于混凝土梁、板上开孔
扩孔钻机	1.5	用于 ALC 板钻螺栓孔
电焊机	7.5	用于钢材焊接
灌浆器		利用高压填充砂浆灌缝
胶枪		用于 ALC 板缝密封胶施工

注：ALC 是蒸压轻质混凝土（Autoclaved Lightweight Concrete）的简称。

4.10.2 工艺流程及操作要点

1. 工艺流程（图 4.10-1）

2. 操作要点

（1）排板位平面图：根据结构尺寸及板材规格进行合理选材及排板。

（2）对结构尺寸及板材实际尺寸进行复核：根据板位图对相应位置的结构尺寸及板材尺寸进行复核，以防止由尺寸偏差造成返工。

（3）对安装部位进行检查处理：如基层不平整，可用 1：2 水泥砂浆抹平。

（4）打入膨胀螺栓。

如图 4.10-2～图 4.10-4。

（5）板材安装前，应对每层楼净高尺寸和板材的实际尺寸进行复核。

（6）首先在地面和梁或楼板上弹出墨线，保证墙板安装位置

121

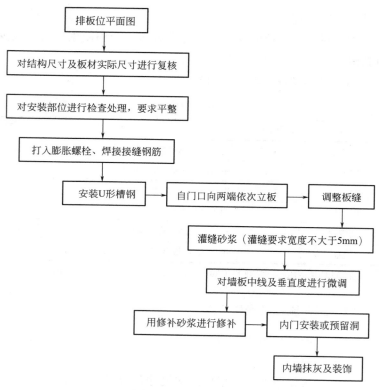

图 4.10-1 工艺流程

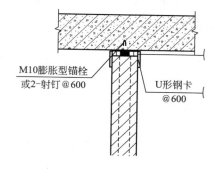

图 4.10-2 墙板与顶部现浇结构的固定

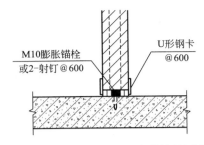

图 4.10-3 墙板与底部现浇结构的固定

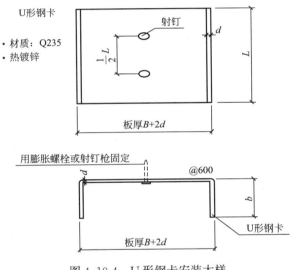

图 4.10-4 U 形钢卡安装大样

准确。安装时，用靠尺调整墙面平整度，用塞尺检查拼缝宽度和拼缝高差，以确保质量。

（7）自门口向两端依次立板：双层隔墙的两层垂直板缝应互相错开不少于 200mm；当隔墙的宽度尺寸不符合 600mm 的倍数时，宜将其安排在靠柱或靠墙那块隔墙板的一侧，不能设在靠门处。

（8）调整板缝：墙板中线及板垂直度的偏差应以中线为主进

行调整。内墙板翘曲时，应均匀调整。

（9）安装墙板时，应确保膨胀螺栓嵌入梁并拧紧螺杆，以便确保板材上下两端与主体结构有可靠连接。

（10）管线、电器开关等开口以不破坏板材主筋为原则，修补时，采用掺加水泥重量 20% 108 胶的 1∶1∶4 混合砂浆填平压实。

3. 注意事项

（1）板材进场后，需对其种类、尺寸和外形等产品质量进行确认，是否满足设计要求。

（2）板材质地疏松易于损坏，故应尽量减少转运。

（3）为防止板材受损坏在运输中应采取绑扎措施。

（4）板材易于吸湿、吸水，故堆放时不得直接接触地面；为防止因堆放不善而引起挠曲、开裂等损伤或应堆放过满高而形成安全隐患，同时方便施工时板材的取用，内墙板堆放应满足表 4.10-2 要求。

内墙板堆放要求　　　　　　表 4.10-2

堆放方式	堆放高度		垫木		
	垛放	全垛	位置	长度	断面尺寸
平放	1.0m 以下	2.0m 以下	距端头 $L/5\sim L/6$	约 900mm	100mm×100mm

（5）填充砂浆要求：水泥强度等级不宜大于 32.5 级；砂应符合砌筑砂浆用砂的要求；水中不应含有对钢筋和砂浆产生不利影响的有害杂质；砂浆的标准配合比为水泥∶砂＝1∶3，为方便施工，其流动性应满足 50～70mm。

（6）安装时的含水率应控制在 20% 以内。

（7）凡是穿过或紧挨墙板的管道，应严格防止渗水、漏水。

（8）在墙板上钻孔、切锯时，均应采用专用切割机等工具，不得任意砍凿。在墙板上切槽时不宜横向断槽；当必须横向断槽时，槽深不得超过 20mm，槽宽不得超过 30mm。

（9）墙板拼缝间灌缝砂浆应饱满，粘结面不得小于板侧总面积的 60％。板缝宽度不得大于 5mm。在板缝内的填充砂浆完全硬化以前，不得使板受到有害的振动和冲击。

4.质量要求

每层板材安装后，应进行隐蔽工程验收，并做好验收记录，内墙板安装允许偏差应满足表 4.10-3 要求。

内墙板安装允许偏差 表 4.10-3

项次	项目名称	允许偏差（mm）	检查方法
1	轴线位置	3	用钢尺检查
2	墙面垂直度	5	用 2m 靠尺和水平尺检查
3	板缝垂直度	5	用 2m 靠尺和水平尺检查
4	墙板拼缝高差	±5	用靠尺和塞尺检查
5	洞口偏移	8	吊线检查

4.11 塔吊施工方案

1.塔吊总平面布置原则

（1）一个塔吊单独负责一栋建筑物的吊装

（2）加工场、构件需堆放在地下室边界外，塔吊要保证能直接吊装到周边材料。

（3）塔吊的基础不能与地下室的以下部位碰撞：结构柱、人防墙体、不可移动的后浇带、汽车坡道。

（4）其他标准规范要求，如：两塔吊间的间距、塔吊方便拆除等。

如图 4.11-1～图 4.11-3。

2.塔吊选型的依据（图 4.11-4）

（1）塔吊布置的位置。

（2）构件最大重量。

（3）构件堆放距离。

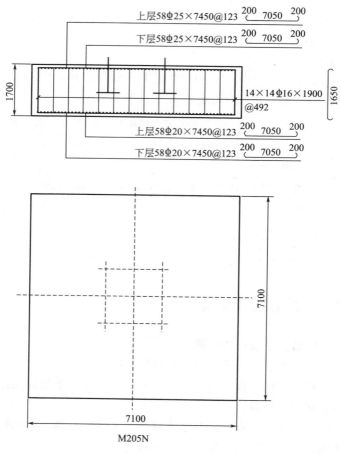

图 4.11-1 塔吊基础

（4）塔吊之间距离。

3.塔吊附着（图 4.11-5～图 4.11-9）

三种方案都绘制 CAD 图，精确定位塔吊的位置与附着杆件的长度、角度，先经塔吊厂家设计人员的受力计算，再交由设计院进行结构构件受力验算校核。如图 4.11-10、图 4.11-11。

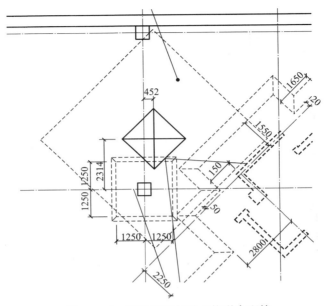

图 4.11-2 塔吊基础与独立柱联合配筋

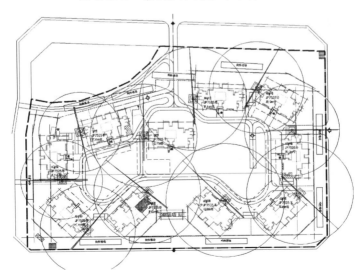

图 4.11-3 塔吊平面布置图

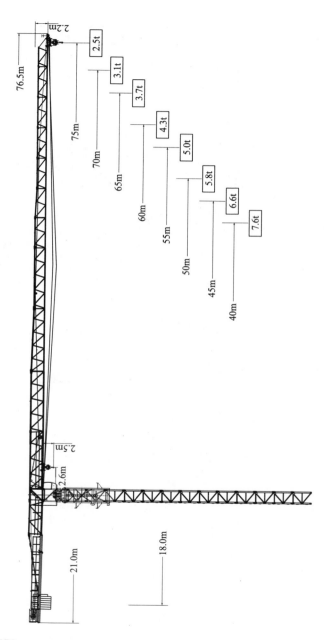

图 4.11-4 JP7525 塔吊吊装重量性能参数

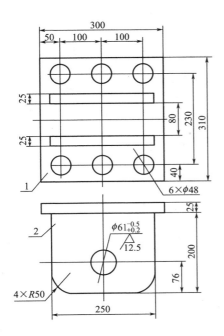

图 4.11-5 塔吊附着锚板图
1—锚板；2—附着杆拉筋板

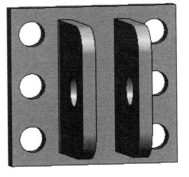

图 4.11-6 塔吊附着
锚板 BIM 大样

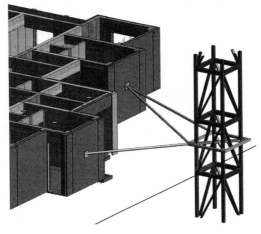

图 4.11-7 塔吊附着方案一、在正面预制承重墙体上

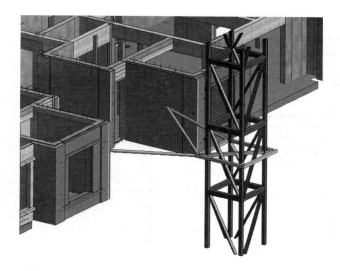

图 4.11-8　塔吊附着方案二、在侧面预制承重墙体上

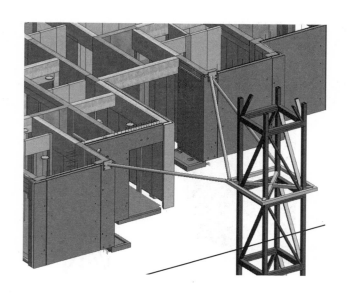

图 4.11-9　塔吊附着方案三、在侧 PCF 模板上

130

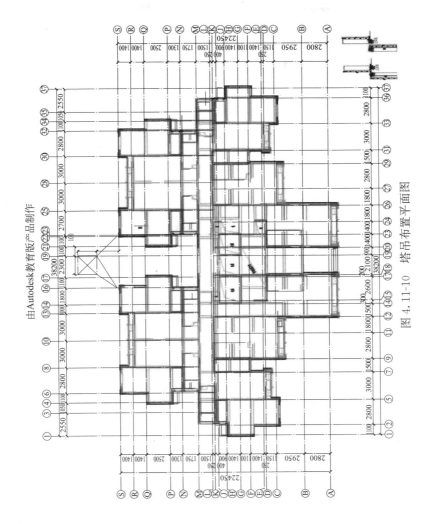

图 4.11-10　塔吊布置平面图

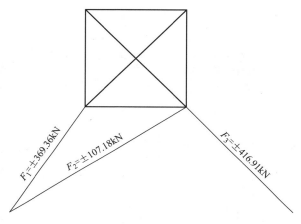

图 4.11-11　塔吊附着受力分析

　　三种方案的分析结果：

　　1）正面预制承重墙体无法承受塔吊附着杆件的拉力。

　　2）虽然侧面预制承重墙体可以承受杆件拉力，但是 A 户型结构限制，塔吊的设置位置很局限，总平面布置上无法实现吊装、避让结构柱等问题。

　　3）PCF 模板在结构上可选择附着的位置很多，同时满足塔吊附着的受力要求，只是施工过程较为麻烦。

　　综合分析考虑后，塔吊附着位置选择在 PCF 模板处，如图 4.11-12～图 4.11-14。

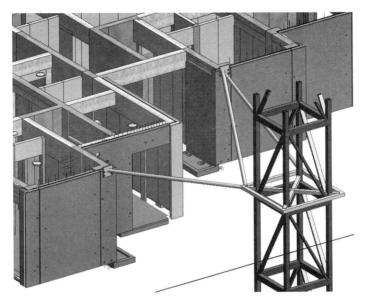

图 4.11-12　塔吊附着在 PCF 模板处

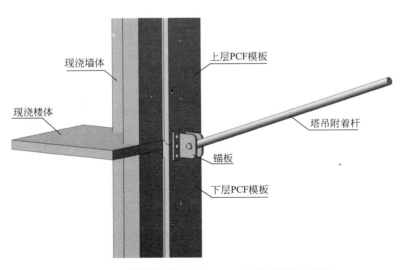

图 4.11-13　塔吊附着杆件在 PCF 模板处的节点设计

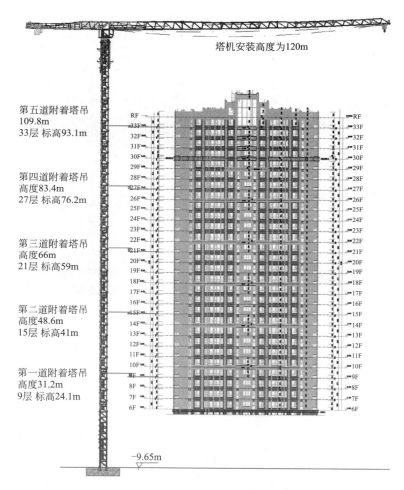

塔机安装高度为120m

第五道附着塔吊
109.8m
33层 标高93.1m

第四道附着塔吊
高度83.4m
27层 标高76.2m

第三道附着塔吊
高度66m
21层 标高59m

第二道附着塔吊
高度48.6m
15层 标高41m

第一道附着塔吊
高度31.2m
9层 标高24.1m

-9.65m

图 4.11-14　塔吊附着楼层

4.12　施工电梯方案

1.施工电梯布置原则

（1）满足施工要求，轿厢大小、载重满足装配式内墙运输需求。

（2）如施工现场施工电梯附着安装位置受建筑物结构局限，则塔吊附墙支撑需经施工电梯生产厂家专门设计，并经设计院校核建筑物结构构件受力验算。

（3）施工电梯附墙支撑处外挂墙板在主体阶段施工。

（4）便于施工电梯的安装和拆除。

如图 4.12-1～图 4.12-7。

图 4.12-1　SC200/200 双笼施工电梯

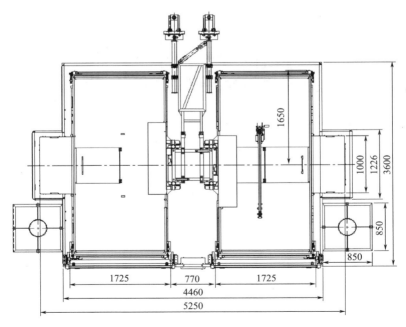

图 4.12-2　SC200/200 施工电梯简图

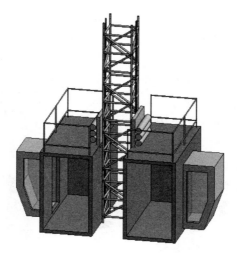

图 4.12-3　SC200/200 施工电梯 BIM 模型

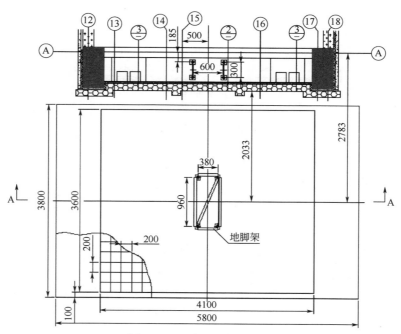

图 4.12-4　施工电梯基础图

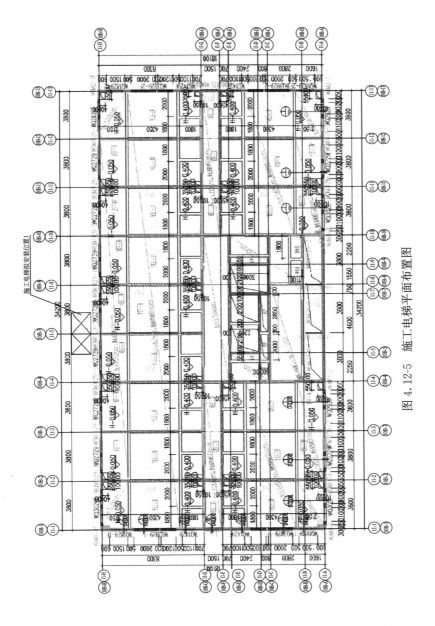

图 4.12-5 施工电梯平面布置图

137

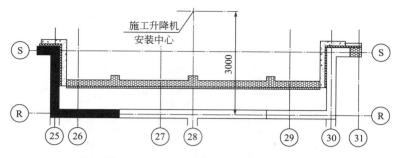

图 4.12-6 施工电梯平面位置大样图

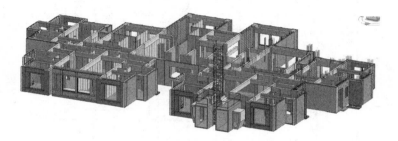

图 4.12-7 施工电梯平面布置 BIM 模型

2.施工电梯附墙支撑设置

如图 4.12-8～图 4.12-11。

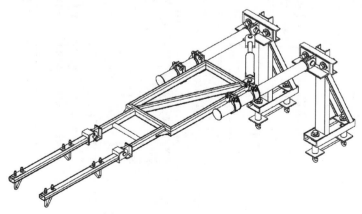

图 4.12-8 施工电梯附墙支撑

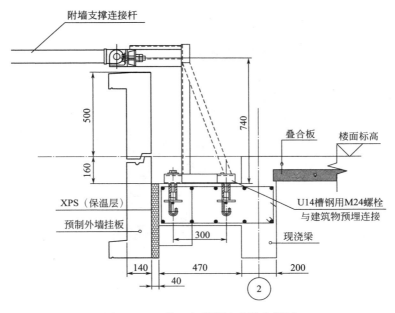

图 4.12-9 施工电梯附墙支撑大样图

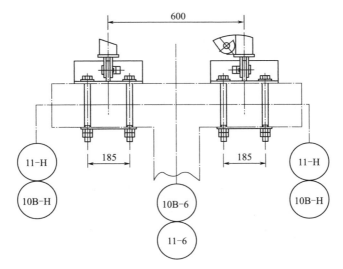

图 4.12-10 施工电梯附墙支撑大样图

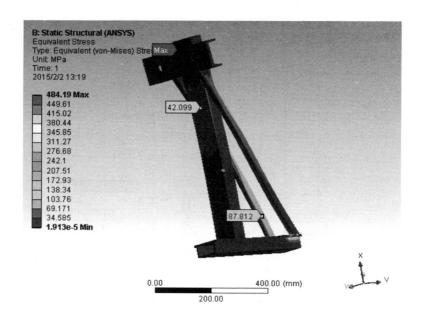

图 4.12-11　施工电梯附墙支撑与支架受力验算

4.13　外挂架施工方案

1.概况

结合建筑工业化的特点和设计文件,外挂架需符合一定模数,搭拆方便,主要由承力架、两道附墙的高强度附墙螺栓和专用螺母、模块式钢制踏板、脚手管架、钢制护栏板等组成。

2.施工准备

(1)施工前仔细查阅图纸、施工组织设计及现场情况,根据施工图纸核对预制外墙、外挂板的预留孔位置,根据预留孔的位置绘制出外挂架围护装置平面布置图,做到搭设架体前心中有数。

(2)架子工进场必须进行三级安全教育和专业培训和考核,

经考核合格后，办理上岗资格证方可上岗操作，且在该工程中准备采用在其他类似工程中施工过该外挂架体系的熟练的工人进行施工。

（3）各楼栋负责人按照本外挂架子工程的要求逐级向搭设和吊装使用人员进行详细的书面技术交底、安全交底。

（4）针对工业化以下全现浇部分的外脚手架，应确保其搭设高度的控制，避免影响外挂架的施工。

3. 施工工艺流程

施工工艺流程：

根据深化图纸进行平面布置图的绘制→在生产厂家定制生产各单元外挂架→根据外预制墙体的吊装顺序依次组装单元外挂架→完成首层预制楼层施工后按照以上程序重复操作施工二层外挂架的施工→第三层采用一层的外挂架按照防护单元整体吊装→依次类推完成整个建筑物的外挂架的施工→主体施工完后按照防护单元整体拆除。

4. 施工方法

本方案以预制外墙和预制外挂板为单位基准块，单组提升的方式；在架体上安装脚手板和防护栏，防护栏采用防护两层作业，上层防护至基准面1.2m以上高度。外围护架采取封闭式防护，所有架体均交圈。

该架体除了起到安全防护以外，还方便安装预制外墙时上人施工作业。

（1）采用两层架体，防护两层，逐层向上提升方案；防护至基准面1.2m以上，此种架体轻便安全，整体性强，满足施工防护要求。

（2）施工步骤

本外架的特点为一次安装后，不再拆散，以后整拼整装，方便快捷，具体步骤如下：

1）先在欲安装的预制墙体上安装外围护安全防护架。外围护安全防护架的形式，见图4.13-1。

图 4.13-1　外围护安全防护架形式

2）在底部外围护架上安装两道横拉杆，在架体之间进行拉结加固。

3）悬挂安全警示标志。

至此外架基本安装完毕，将墙体和外架整体吊装入位，并表明架体的组号及安全警示，允许荷载等标识。

4）墙体入位后的外架工作

墙体入位后，需要做几个简单的连接和防护：将相邻两墙体之间外架的空隙，用专用尺寸的脚手板搭好，并安装防护网及踢脚板。

5）架体的提升

① 架体提升方式采用分段整体提升，以组合后单段架体、护栏及架体平台为单元整体提升，提升机械采用塔吊；提升周期为一层一提升。

② 外围护架架体提升时，架体拟就位位置墙体混凝土的强

度不得低于 7.5MPa，要求预制构件强度达到 100％时方可吊装，构件强度必须满足挂栓提升要求。

③ 外围护架提升时应先将承重螺栓穿入上层预留孔内，调整好螺栓出墙距离，准备挂架；塔吊吊钩确保在挂架重心部位，避免挂架失稳倒转，缓慢提升到上层，保证几榀三脚架的螺栓孔同时挂在承重螺栓上。

④ 提升前先拆除相邻两段架体之间的连接杆件（单段组合架体内连接杆件、护栏、承力架、脚手板不得松动）。

⑤ 外围护架提升前，必须先按要求挂好吊钩，然后拆除支顶结构用杆件，最后松动承重螺栓待升。起吊点对称设置两点，且必须设置在单元三脚架上。塔吊吊钩系牢后，先微量起吊，平衡架体自重，卸除挂钩栓上的架体荷载，然后再松动挂钩栓螺母，并认真检查挂钩栓螺母是否全部松动，确认后方可起吊。起吊过程中吊钩垂直、平稳、缓慢起吊，另在架体两侧上、下共系四道保持架体平衡的钢丝绳，起吊过程操作人员站在楼板上协调架体平衡。提升时确保操作人员安全，坠落范围内要设警戒区，并派专人看护。

⑥ 两名工人挂好安全绳站在待安装架体的下一层架体上，待架体缓慢下落时，手扶架体的三角承力架，辅助架体对准位置。

⑦ 内侧操作人员将附墙螺栓穿进墙体，穿出墙面，墙体外侧作业人员用专用工具将上一排螺母垫片扶正入位，内侧操作人员旋转螺栓杆，将螺栓锁紧。下一排螺栓由外侧作业人员扶准螺母，按上述操作将螺栓锁紧。使用扭力扳手检查螺栓是否锁紧到位。

⑧ 作业人员从墙体内侧使用安全梯爬上架体，扎好安全绳后，摘除塔吊卡扣。此单元架体安装完毕。

⑨ 重复操作进行下一单元架体的安装。

6) 架体使用前再认真检查架体内连接杆件是否松动，并用短钢管将相邻的架体连接成整体。

（3）外围护架的拆除

1）外防护脚手架的拆除，外防护架应逐一由塔吊吊落至地面，再进行拆除，做到工完场清。

2）做好成品保护工作，施工过程必须确保墙面不被损坏及污染。

3）拆除后的一切材料按指定地点分类堆放整齐。

4）外防护脚手架拆除时，应派设置警戒区并派专人守护下面，禁止无关人员进入拆除危险区，确保安全。

5）在拆除前，应先与施工外墙的人员商定交叉作业范围，错开工作面，确保施工安全。

5.检查验收

现场搭设前，需要对构配件进行质量检查。外挂防护架在搭设完毕后，正式使用前必须经过技术、安全、监理等单位的联合检查。合格后方可使用。

6.安全技术保障措施

（1）脚手架及时与结构拉结以保证搭设过程安全，在每日收工前，检查架体，一定要确保架子稳定、安全。

（2）在搭设过程中应由技术人员、专业工长、安全部门进行检查、验收。在搭设完毕及提升后分别验收一次，达到设计要求后填写验收合格单，并挂合格牌一块。

（3）通过墙上的螺栓孔与脚手架连接，严禁私自拆改。

（4）严格控制施工荷载，脚手板上不得堆料，施工荷载不得大于 $0.8kN/m^2$。

（5）每周定期由技术人员及安全部门检查脚手架，发现问题和隐患，在施工作业前及时维修加固，以达到坚固稳定，确保施工安全。

（6）遇五级以上大风天气，大雨、大雪、大雾等恶劣天气应停止脚手架施工，待恶劣天气结束后应重新对脚手架进行安全检查，排除隐患，上架作业采取防滑措施并清扫积水、积雪。

（7）提升承重挂架时必须 4 人以上操作，作业人员严禁站在架子上随架子提升，提升架子前，应检查确保架子上没有任何可活动的物体。

（8）工具式外架系统采用塔吊升降，在升降前应对外围护架系统做全面检查，解除与邻跨的连接，在塔吊吊钩受力后方可拆除连墙螺栓，进行升降作业。

（9）架体搭设完后，应由技术、安全、生产部门进行检查验收，合格后方可上墙使用。

（10）升降操作时，外围护架应空载，连墙螺栓等零件应妥善保存，操作人员应佩带安全带，安全带应系牢固物体上。

（11）每个单元架体的升降工作必须由一个架子班组完成，不得将未完工作交给下一班组。

（12）外架在吊装时，应严格避免磕碰架体。

（13）架体使用过程中应经常检查各个部件，每天检查一次，并做好记录。

（14）架体及脚手架外侧的防护网应与周边的杆件、安全栏杆绑轧牢固。

（15）施工过程中严格控制施工荷载，不得在外围护架上堆积建筑垃圾、无用物品，不得超载，以保证施工安全。

（16）架子工必须经过专业培训合格且持证上岗，严禁违章操作。施工作业过程中必须佩带安全带，戴好质量合格安全帽。

（17）严禁非架子工拆除架体、脚手架杆件和连墙杆。

（18）防治措施

1）高处坠落

① 外围护架搭设前，对操作人员进行技术交底和安全交底，明确安全操作注意事项，搭设过程中，操作人员必须系好安全带，并穿防滑鞋。安全带应高挂低用，挂安全带之前应看好杆件是否牢固，并与同伴通好气，防止将安全带挂在已松动的杆件上而出现伤亡事故。

② 外围护架搭设完毕后，要按要求挂好立面密目安全网和水平安全网，在作业层满铺脚手板，脚手板伸出小横杆的长度不

得大于 150mm。

③ 作业层踏板应铺满、铺稳，不得有空隙和探头板，脚手板应设置在 3 根横向水平杆上。

2）坠物伤人

搭设前对外围护架操作进行安全交底，施工人员要思想集中，传递脚手管、扣件时要防止脱落，同时外围护架搭设过程中，施工区域设置警戒围栏和警示标志，下方严禁站人或进行交叉作业。

3）外围护架倾覆

① 外围护架搭设前，对操作人员进行技术交底和安全交底，搭设过程中要严格按照交底进行施工，严禁违章作业。

② 外围护架搭设前，要对外围护架进行承载力验算，验算合格后方可搭设。

③ 外围护架搭设前，对所使用的材料进行进场检验，并有质量合格证，合格后方可使用。

④ 对外挂架进行整体稳定性计算，通过计算确定搭设方案。

⑤ 外挂架使用过程中，严禁码放各种料具，严禁人员集中停留。

4）塔吊挂钩问题

外挂架在进行整体吊装前应预先在地面组装位置进行预吊装，重点解决挂钩位置问题。先将架体稍稍吊起，看架体是否有变形，挂钩是否牢靠，待确定无误后，方可进行吊装。应找准挂钩位置，如吊起后架体倾斜过大应将其回落至地面，重新选择挂钩位置，待架体在吊起后没有较大倾斜的情况下再将架体吊装至安装位置，并做出标识，以便下次吊装时找准挂钩位置。

5）架体连墙螺栓问题

如架体连墙螺栓有松动，应立即对螺栓进行紧固；如螺栓被剪断，应临时固定并立即更换螺栓。

6）遇大风或恶劣天气

遇有五级以上大风或恶劣天气，应立即停止架体上的一切作业，待大风天气停止后再进行重新检查，检查无误后方可进行施工作业。

（19）搭设时，扣件拧紧程度要适当，有变形的杆件和不合格的扣件（有裂纹、尺寸不合格、扣接不紧、滑丝等）应禁止使用。

（20）架子搭设时应注意杆件的搭设顺序，及时与结构拉接，以确保搭设过程安全。

（21）架子经验收合格投入使用后，严禁擅自更改。

（22）架子验收检查时，与结构连接杆、悬挑支撑固定、插口部分应重点检查。

（23）架子拆除时，严格按照拆除顺序进行。

（24）后期外墙修补采取吊篮作业的方式进行。

第5章 建筑工业化项目施工质量控制

5.1 预制构件的运输、装卸、堆码质量控制

5.1.1 预制构件的运输质量控制

（1）运输前要检查构件编号是否正确、清晰、完整，检查构件在吊装码放过程中是否有损坏，确保出厂构件完好无损。

（2）运输前，必须对运输路线进行调查，掌握超宽、超限情况，做好运输路线备案。

（3）运输前对照发货清单仔细核对构件数量、型号是否配套。

（4）运输车根据构件类型设专用运输架或合理设置支撑点，且需要可靠的稳定构件措施，用钢丝带加紧固器绑牢，以防构件在运输时受损。

（5）车辆启动应慢、车行驶速度均匀，严禁超速、猛拐和急刹车。

（6）预制构件在运输时应特别注意对成品的保护措施，因保护不到位导致成品无法满足工程质量要求的，应视为不合格品，不得进入施工现场。

（7）预制构件在运输时设置专用运输装置进行临时固定，且在运输时宜在构件与刚性搁置点处塞柔性垫片。

（8）预制构件在出厂前检查如下事项，并认真校核相应出厂资料：

1）成品装车前检查其外观是否有崩烂，瓦仔是否有损坏。

2）检查成品的预埋件等是否完好无损。

3）外伸钢筋是否清洁干净。

4）成品上盖的印章是否齐全。

（9）预制构件在运输时不得损坏相应标志内容，包括使用部位、构件编号、铭牌等。由于上述环节导致的构件无法识别时，由构件厂派专员进行相应标志内容的恢复。

（10）预制构件在运输时车速控制在 40km/h 以内，并选择路况平坦，交通畅通之行驶路线进行运输，遵守交通法规及地方交通管控。

（11）预制构件相应资料转交现场管理人员，并经监理单位验收合格后方可安排构件卸货工作。

5.1.2 预制构件的装卸质量控制

1.预制构件装车

（1）吊装作业时必须进行安全技术交底且必须明确指挥人员，统一指挥信号。

（2）使用起重机作业时，必须按照图纸要求正确选择吊点的位置，合理穿挂锁具，试吊。除指挥及挂钩人员外，严禁其他人员进入吊装作业区。

（3）预制构件的吊装位置应位于起重装置吊运范围之下，严禁超负荷起吊。

（4）预制构件吊装时严格按起吊点吊装，严禁偏心起吊。

（5）预制构件吊装前必须检查作业环境、吊索具、防护用品。吊装区域无闲散人员，障碍已排除。吊索具无缺陷，捆绑正确牢固，被吊物与其他物件无连接。确认安全后方可作业。

（6）大雨及风力六级以上（含六级）等恶劣天气，必须停止露天起重吊装作业。

（7）起吊及落钩时，速度不宜过快，专人扶至就位，做到平缓起落，防止构件相互碰撞。

（8）吊装构件时要妥善保护，必要时要采取软质吊具。

2.预制构件车上码放

（1）不同构件根据要求采用不同的码放形式，针对叠合板、楼梯、梁等采用平运法，按尺寸大小进行叠放；针对墙板、挂板等采用 14 号槽钢、工字钢制作专用支架按照受力情况侧立摆放或竖直立放，以此来固定壁板，保证整体稳定性。

（2）装车时先在车厢底板上做好支撑与减振的措施，以防构件在运输途中因振动而受损。可以在车厢底板上铺两根 100mm×100mm 的通长木方，木方上垫 15mm 以上的橡胶垫或其他柔性垫。

（3）重叠堆放构件时，每层构件间的垫木或垫块应在同一垂直线上，保证上下对齐，使受力点在一条直线上。

（4）上下构件之间必须有防滑垫块，上部构件必须绑扎牢固，结构构件必须有防滑支垫。

（5）预制构件在吊装和码放时宜在构件与刚性搁置点处稳塞柔性垫块，与货车的连接要稳固牢靠。

（6）预制构件在码放时严禁损坏一切预埋件，码放时需要注意对原有预埋件保护措施的恢复。

3. 预制构件卸车

（1）预制构件卸车起吊时，应慢起慢落，并防止板与其他物体或其他板相撞；

（2）预制构件起吊的设备已经设计验算确定；

（3）提前准备好卸车场地、插板支架等；

（4）构件按编号卸车，分规格码放整齐；

（5）构件吊装梁是由主梁、吊耳板和加强板等组成。在预制构件进场后，将预制构件上端专用吊具与该吊装机具相对应吊耳板的下圆孔通过吊索连接固定，然后将塔吊吊索穿过该吊耳板的上圆孔进行固定，塔吊开始起吊，通过该吊装机具将预制构件吊放到位。

5.1.3 预制构件的堆码质量控制

预制构件进入堆场后，按品种、规格、吊装顺序分区分类存放于堆场，并设置标牌。堆场设置门式起重机，便于构件起吊装车。

1.预制叠合板、预制叠合梁堆放

（1）相同型号的叠合板可堆垛码放，但每垛不得超过6块；预制叠合梁不得重叠。

（2）板的码放混凝土面朝下，四点支承。

（3）每垛板最下面的一块板用20cm×20cm的木方垫起，其他板间可用10cm×10cm的木方垫起，方向平行于桁架铁方向；隔层垫木应在一个竖直面上，木方与板的外表面用聚苯等不污染板表面的材料隔离，码放位置为两端距跨中$L/4.8$。

（4）叠合板（梁）在卸车码放时，应慢起慢落，并防止板与其他物体或其他板相撞；

（5）每垛板的垫木要上、下对齐，并每块垫木要垫实，不允许出现虚角或挑头板的情况；如图5.1-1、图5.1-2。

图5.1-1 叠合板堆放

图5.1-2 叠合梁堆放

2.墙板堆放

墙板（包括预制外墙承重墙、预制外墙非承重墙及预制外挂墙板）相同型号的构件在修补完成后，采用专门吊具将板竖立起来放入特制的堆放架上，构件下方垫 10cm×10cm 的木方，墙板与堆放架之间采用木楔固定，为防止木楔对构件造成污染，木楔采用塑料薄膜包裹。如图 5.1-3。

图 5.1-3　墙板堆放

3. 楼梯堆放

（1）相同型号的楼梯可堆垛码放，但每垛不得超过 4 块。

（2）楼梯的码放板面朝下，4 点支承。

（3）每垛板最下面的一块板用长方混凝土垫块垫起，其他楼梯可用木方垫放在一起，木方与楼梯的外表面用聚苯等不污染板表面的材料隔离。

（4）楼梯在卸车起吊及码放时，应慢起慢落，并防止板与其他物体或其他板相撞。

（5）每垛板的垫木要上、下对齐，并每块垫木要垫实，不允许出现虚角或挑头板的情况；如图 5.1-4。

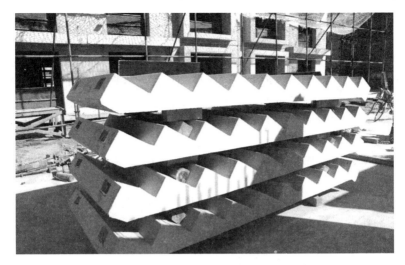

图 5.1-4　楼梯堆放

4.其他堆放

由于这些构件是异型构件不能垛码，在下方垫 10cm×10cm 木方，同种类型构件并排堆放。

5.2　预制构件的吊装、定位、校正质量控制

1.构件起吊

施工前对所有预制构件做分类统计，测算最重构件，以此为基础选择相应的起重设施。预制构件吊装前，应根据预制构件的单件重量、形状、安装高度、吊装现场条件来确定机械型号与配套吊具，回转半径应覆盖吊装区域，并便于安装与拆卸。

2.构件就位

预制构件吊装应采用慢起、快升、缓放的操作方式，预制外墙板就为宜采用由上而下插入式安装形式，保证构件平稳放置。预制构件吊装校正，可采用"起吊—就位—初步校正—精细调整"的作业方式。先行吊装的预制外墙板，安装时与楼层应设置

临时支撑。

3. 构件校正

外墙板校正：外墙板标高应由连接件上的螺栓标高控制，在外墙板吊装前就因测量校正好螺栓顶标高，外墙板搁置上去后做到一次到位。用紧线器连接外墙板上预埋螺栓，将外墙板前后控制到位；调节连接件上的螺栓控制墙板垂直度。同时外墙板边线对准楼面控制"左右"尺寸；将连接件与预埋在外挂板中的螺栓孔连接，用千斤顶支在柱上顶住连接件调节外挂板左右位置到位。

楼板校正：基本就位后再用倒链和撬棍微调楼板，直到位置正确，搁置平实。

4. 构件定位

与预制外墙板连接的临时调节杆、限位器应在混凝土强度达到设计要求后方可拆除。预制叠合楼板、预制楼梯需设置支撑时，应经计算符合设计要求。

预制外墙板相邻两板之间的连接，可设置预埋件焊接或螺栓连接形式，在外墙板上、中、下各设 1 个连接端点，控制板与板之间的位置。

5.3 预制构件的节点处理质量控制

1. 结构现浇连接

墙板处：预制混凝土墙与楼板之间宜以灌浆形式进行连接。

预制构件吊装前应清除套筒内及预留钢筋上灰尘、泥浆及铁锈等，保持清洁干净。吊装前应将钢筋矫正就位，确保构件顺利拼装，钢筋在套筒内应居中布置，尽量避免钢筋碰触、紧靠套筒内壁。

吊装前应检查、记录预留钢筋长度，确保吊装时钢筋伸入套筒的长度满足设计要求。坐浆界面应清理干净，灌浆前浇水充分湿润，但不得残留明水。构件拼装应平稳、牢固，灌浆时及灌浆后在规定时间内不得扰动。

高强灌浆料以灌浆料和水搅拌而成。水必须秤量后加入，精确至0.1kg，拌用水应采用饮用水，使用其他水源时，应符合《混凝土用水标准》JGJ63的规定。灌浆料的加水量一般控制在13%～15%之间，根据工程具体情况可由厂家推荐加水量，流动度不小于270mm（不振动自流情况下）。

将搅拌好的灌浆料倒入螺杆式灌浆泵，开动灌浆泵，控制灌浆料流速在0.8～1.2L/min，待有灌浆料从压力软管中流出时，插入钢套管灌浆孔中。应从一侧灌浆，灌浆时必须考虑排除空气，不宜从两侧以上同时灌浆，那样会窝住空气。

从灌浆开始，可用竹劈子疏导拌合物。不准许使用振动器振捣，确保灌浆层匀质性。灌浆开始后，必须连续进行，不能间断，并尽可能缩短灌浆时间。在灌浆过程中发现已灌入的拌合物有浮水时，应当马上灌入较稠一些的拌合物，使其中和掉浮水。当有灌浆料从钢套管溢浆孔溢出时，用橡皮塞堵住溢浆孔，直至所有钢套管中灌满灌浆料，停止灌浆。

拆卸后的压浆阀等配件应及时清洗，其上不应留有灌浆料，灌浆工作不得污染构件，如已污染时，应立即用清水冲洗干净。作业过程中对余浆及落地浆液应及时清理，保持现场整洁，灌浆结束后，应及时清洗灌浆机、各种管道以及粘有灰浆的工具。

逐块吊装的装配构件放置点清理、按标高控制线调整螺丝、粘贴止水条。按编号和吊装流程对照轴线、墙板控制线逐块就位设置墙板与楼板限位装置。设置构件支撑及临时固定，在施工的过程中板与板连接件的紧固方式应按图纸要求安装，调节墙板垂直尺寸时，板内斜撑杆以一根调整垂直度，待矫正完毕后再紧固另一根，不可两根均在紧固状态下进行调整。

楼板处：预置结构楼板多为叠合楼板，叠合层钢筋混凝土的施工流程为：预制梁板吊装→梁面筋绑扎→模板支设→水电管线铺设→板面筋绑扎→叠合层混凝土浇筑。施工要点如下。

（1）叠合层钢筋施工。所有钢筋交错点均绑扎牢固，同一水平直线上相邻绑扣呈八字形，朝向混凝土构件内部。

（2）管线位置板面加设 $\phi6.5@150$ 钢筋带，宽度为 450mm（管线两侧各 225mm）。

（3）叠合板面层采用平板振动器振捣密实，并用滚筒碾压

楼梯处：在施工的过程应从楼梯井一侧慢慢倾斜吊装施工，采用下端伸出钢筋锚固于现浇楼板内，上端搁置于梁侧牛腿上，并预留施工空隙砂浆填充。

空调板处：预制空调板施工前，先搭设空调板支撑架，按施工标高控制高度，按先梁后空调板的顺序进行。先在空调板 L 形内铺砂浆，采用软坐灰方式。待固定后，与叠合板现浇层混凝土一起整浇。

2.结构拼缝连接

装配式结构外墙板之间、外墙板与楼面做成高低口，在凹槽地方粘贴橡胶条。在外墙板安装完毕、楼层混凝土浇捣后，再将橡胶条粘贴在外墙板上口，待上面一层外墙板吊装时坐落其上，利用外墙板自重将其压实，起到防水效果。主体结构完成后，在橡胶条外侧进行密封胶施工。

PCF 板垂直缝处在构件制作时宜做一小凹槽，其内放置 PE 填充条和橡胶皮粘贴，以防止混凝土浇捣时产生漏浆。在主体结构施工完毕后进行密封胶施工。

3.防水节点

连接止水条与预制外墙板应采用专用胶粘剂粘贴，止水条与相邻的预制外墙板应压紧、密实。

止水条作业时，应检查预制外墙板小口的缺陷（气泡）是否在范围内，粘结面应为干燥状态。在混凝土和止水条两面均匀涂刷胶粘剂。

预制外墙板外侧水平、竖直接缝的密封防水胶封堵前，侧壁应清理干净，保持干燥，实现应对嵌缝材料的性能、质量和配合比进行检查。嵌缝材料应与办牢固粘结，不能漏嵌和虚粘。

外墙板与楼面宜做成高低口，在凹槽地方粘贴橡胶条。在外

墙板安装完毕、楼层混凝土浇捣后，再将橡胶条粘贴在外墙板上口，待上面一层外墙板吊装时坐落其上，利用外墙板自重将其压实，起到防水效果。主体结构完成后，在橡胶条外侧进行密封胶施工。

外侧竖缝及水平缝密封防水胶的注胶宽度、厚度应符合设计要求，密封防水胶应在预制外墙板固定校核后嵌填，先放填充材料，后打胶，施工时，不应堵塞放水空腔，注胶应均匀、顺直、饱和、密实，表面应光滑，不应有裂缝现象。

密封防水胶应采用有弹性、耐老化的密封材料，衬垫材料与防水结构胶应相容。耐老化与使用年限应满足设计要求。

预制外墙板、预制叠合楼板安装、固定后，预制外墙板内侧与预制叠合楼板水平缝的塞缝应选用干硬性砂浆并渗入水泥用量5％的防水剂。水平缝大于 30mm 时，应采用防水细石混凝土填实、塞严。

预制构件外墙模水平缝宜在装配前放上填充棒，预制构件外墙模校正后树脂缝嵌塞填充棒。预制外墙板连接缝施工完成后应在外墙面做淋水、喷水试验，并在外墙内侧观察墙体有无渗漏。

淋水试验需注意事项：

（1）按常规质量验收要求对外墙面、屋面、女儿墙进行淋水试验。

（2）喷嘴离接缝的距离为 300mm。

（3）重点对准纵向、横向接缝以及窗框进行淋水试验。

（4）从最低水平接缝开始，然后是竖向接缝，接着是上面的水平接缝。

（5）仔细检查预制构件的内部，如发现漏点，做出记号，找出原因，进行修补。

（6）喷水时间：每 1.5m 接缝喷 5min。

（7）喷嘴进口处的水压：210～240kPa（预制面垂直；慢慢沿接缝移动喷嘴）。

（8）喷淋试验结束以后观察墙体的内侧是否会出现渗漏现

象，如无渗漏现象出现即可认为墙面防水施工验收合格。

（9）淋水过程中在墙的内、外进行观察、做好记录。

4.保温节点

夹芯式预制保温外墙板中，应选用断热型抗剪连接件。采用粘贴保温板或喷涂材料的预制外墙板内保温，保温系统应具有良好的保温、防火性能，基层处理和保温系统的外饰面应符合《建筑装饰装修工程质量验收规范》GB50210 的规定。

第6章　建筑工业化项目安全管理

6.1　预制构件的运输、装卸、堆码安全管理

1.预制构件的运输安全管理

（1）为确保行车安全，应进行运输前的安全技术交底。

（2）在运输中，每行驶一段距离要停车检查构件的稳定和紧固情况，如发现移位、捆扎和防滑垫松动时，要及时处理。

（3）超高、超宽构件板在运输前必须做好标识，按照交通部门规定的允许通行时间运输。

（4）在运输时执行现场施工安装进度及型号计划按顺序装运，避免现场积压或二次搬运。

（5）运输过程特别注意对构件成品面的保护，最大限度地消除和避免构件在运输过程中的损坏和污染。

（6）构件在装卸车时，车厢板用木方或草垫垫好，分层堆放的构件，每层中用木方或草垫垫好，避免构件在运输途中颠簸摩擦造成损伤。

（7）构件在装车完成后，先对成品进行检验，对构件进行清点、编号、排序（按施工顺序）。

（8）构件制作与运输必须符合运输安全要求和现场安装进度、质量要求。

2.预制构件的装卸安全管理

（1）吊装作业时必须进行安全技术交底，且必须明确指挥人员，统一指挥信号。

（2）使用起重机作业时，必须按照图纸要求正确选择吊点的位置，合理穿挂锁具，试吊。除指挥及挂钩人员外，严禁其他人

员进入吊装作业区。

（3）预制构件的吊装位置应位于起重装置吊运范围之下，严禁超负荷起吊。

（4）预制构件吊装时严格按起吊点吊装，严禁偏心起吊。

（5）预制构件吊装前必须检查作业环境、吊索具、防护用品。吊装区域无闲散人员，障碍已排除。吊索具无缺陷，捆绑正确牢固，被吊物与其他物件无连接。确认安全后方可作业。

（6）大雨及风力六级以上（含六级）等恶劣天气，必须停止露天起重吊装作业。

（7）起吊及落钩时，速度不宜过快，专人扶至就位，做到平缓起落，防止构件相互碰撞。

（8）吊装构件时要妥善保护，必要时要采取软质吊具。

3.预制构件的堆码安全管理

（1）存放场地宜为混凝土硬化地面或经人工处理的自然地坪，满足平整度和承载力要求，并应有排水措施。

（2）预制墙板宜采用靠放，用槽钢制作满足刚度要求的三角支架，应对称堆放，外饰面朝外，倾斜度保持在 $5°\sim10°$ 之间，墙板搁支点应设在墙板底部两端处，堆放场地须平整、结实。搁支点可采用柔性材料。堆放好以后要采取临时固定措施。

（3）预制墙板可采用插放或靠放存放，支架应有足够的刚度，并支垫稳固。预制外墙板宜对称靠放、饰面朝外，且与地面倾斜角度不宜小于 $80°$。

（4）预制板类构件可采用叠放方式存放，底层及层间应设置支垫，各层支垫应上下对齐，最下面一层支垫应通长设置，叠放层数不宜大于 5 层。预制柱、梁叠放层数不宜大于 2 层。

6.2 预制构件吊装安全管理

（1）预制部品、构件堆场区域内应设封闭围挡和安全警示标志，非操作人员不准进入吊装区。

（2）参加起重吊装作业人员，包括司机、起重工、信号指挥（对讲机须使用独立对讲频道）、电焊工等均应接受过专业培训和安全生产知识考核教育培训，取得相关部门的操作证和安全上岗证，并经体检确认方可进行高处作业。

（3）构件在吊运过程中，吊机回转半径范围内，非作业人员禁止入内。吊运预制构件时，构件下方禁止站人，待吊物降落至离地 1m 以内方准靠近，就位固定后方可脱钩。

（4）构件起吊前，操作人员应认真检验吊具各部件，详细复核部品型号，做好部品吊装的事前工作，如自保温复合外墙板连接筋的弯曲，饰面的成品保护，临时固定拉杆的竖向槽钢安装等。

（5）起吊时，堆场区及起吊区的信号指挥与塔吊司机的联络通讯应使用标准、规范的指挥用语，防止因语言误解产生误判而发生意外。起吊与下降的全过程应始终由当班信号统一指挥，严禁他人干扰。

（6）预制构件吊装应单块、逐块安装，起吊钢丝绳长短一致，两段严禁倾斜。

（7）预制构件起吊至安装位置上空时，操作人员和信号指挥应严密监控部品下降过程。防止构件与竖向钢筋将或立杆碰撞。下降过程应缓慢进行，降至可操控高度后，操作人员迅速扶正挂板方向，导引至安装位置。在构件安装斜拉杆、脚码前，塔吊不得有任何动作及移动。预制外墙板吊装就位并固定牢固后方可进行脱钩，脱钩人员应使用专用梯子在楼层内操作。

（8）起吊用吊梁、吊索等工具应使用符合设计和国家标准，经相关部门批准的指定系列专用工具。

（9）所有参与吊装的人员进入现场应正确使用安全防护用品，戴好安全帽。在 2m 以上（含 2m）没有可靠安全防护设施的高处施工时，必须戴好安全带。高处作业时，不能穿硬底和带钉易滑的鞋施工。

（10）高空作业吊装时，严禁攀爬柱、墙等钢筋，也不得在构件墙顶面上行走。操作人员应站在楼层内用专用钩子将构件上系扣的缆风绳勾至楼层内，然后将外墙板拉到就位位置。

（11）吊装施工时，在其安装区域内行走应注意周边环境是否安全。临边洞口、预留洞口应做好防护，吊运路线上应设置警示栏。

（12）施工层吊装前，外围操作平台（挂架）需提前搭设完成，高度超出施工楼层 1.5m。

6.3 预制构件临时支撑安全管理

（1）在外墙板与结构连接处的混凝土混强度达到设计要求前，不得拆除临时固定的斜拉杆、脚码。施工过程中，斜拉杆上应设置警示标志，并专人监控巡视。

（2）安装预制墙板、预制柱等竖向构件时，应采用可调式斜支撑临时固定，斜支撑的位置应避免与模板支架、相邻支撑冲突。

（3）每个预制构件的临时支撑不宜少于 2 道，对预制柱、墙板的上部斜撑，其支撑点间距离底部的距离不宜小于高度的 2/3，且不应小于高度的 1/2。每件墙板底部限位装置不少于 2 个，间距不宜大于 4m。相邻墙板安装过程宜设置 3 道平整度控制措施，平整度控制装置可采用预埋件焊接或螺栓连接方式。

（4）墙板安装过程应设置临时斜撑，可选用长短斜向支撑组合的临时支撑系统。

（5）构件安装就位后，可通过临时支撑系统对构件的位置和垂直度进行微调。

6.4 塔吊和施工电梯的安全管理

（1）在施工机械进场前必须对进场机械进行一次全面的保养，使施工机械在投入使用前就以达到最佳状态。在施工中，对机械设备进行良好的养护、检修，确保其处于最佳的工作状态。

（2）人机固定，实行机械使用、保养责任制，将机械设备的使用效益与个人经济利益联系起来。

（3）在施工过程中，制定机械维护计划表（表 6.4-1），以保证在施工过程中所有的施工机械在任何施工阶段均能处于最佳状态。

施工机械维护表

表 6.4-1

序号	施工机械名称	维护要求	维护人员
1	塔吊	每月一次	主管施工员、塔吊工
2	施工电梯	每月一次	主要施工员、司机
3	混凝土输送泵	浇筑混凝土后立即进行	泵车管理员
4	钢筋机械	每半月一次	机修工
5	电焊机	每天一次	电焊工
6	混凝土振动器	浇筑混凝土后立即进行	机修工
7	水泵	每周一次	机修工
8	木工机械	每半月一次	机修工

以上各种设备的质量必须进行相应控制，首先与设计单位密切联系，选择适合的、质量有保障的设备型号。并且及时与发包方进行交流，需要的设备及时准备进场，必要的时候与发包方联系，对设备的生产厂家进行考查，了解设备的技术参数和性能要求，及时组织进场。

（4）实行操作制度。机械操作人员经过培训和统一考试，持证上岗。

（5）现场环境、施工平面图布置适合机械作业要求，交通道路畅通无障碍，夜间施工安排好照明。

（6）塔机作业中如遇六级及以上大风或阵风，立即停止作业，锁紧夹轨器，将回转机构的制动器完全松开，起重臂能随风转动。

（7）起升重物，严禁自由下降。重物就位时，可采用慢就位机构或使用制动器使之缓慢下降。

（8）提升重物作水平移动时，高出跨越的障碍物为 0.5m以上。

（9）塔机停机时，每个控制器要拨回到零位，依次断开各开关，关闭操纵室门窗。断开电源总开关，打开高空指示灯。

（10）检修人员上塔身等高空部位检查修理时，系好安全带。

（11）寒冷季节，对所用塔机的电动机、电器柜等进行严密遮盖。

（12）施工电梯在每班首次载重运行时，在梯笼升离地面 1～2m 时，停机试验制动器的可靠性；若发现制动效果不良，立即调整或修复后方可运行。

（13）施工电梯梯笼内乘人或载物时，其载荷要分布均匀，不偏重，严禁超载运行。

（14）垂直运输机操作人员要根据指挥信号操作，作业前鸣声示意，在升降机未切断总电源开关前，操作人员不离开操作岗位。

（15）当施工电梯运行中发现有异常情况时，立即停机并采取有效措施将吊笼降到底层，排除故障后方可继续进行。在运行时发现电气失控时，立即按下急停按钮，在未排除故障前，不打开急停按钮。

（16）施工电梯在大雨、大雾以及六级以上大风或导轨架、电缆等结冰时，禁止运行，并将吊笼降到底层，切断电源。暴风雨后，对升降机各安全装置进行一次检查，确认正常后，方可运行。

（17）施工电梯运行到最上层或最下层时，严禁用行程限位开关作为停止运行的控制开关。

（18）施工电梯作业后，将吊笼降到底层，各控制开关拨到零位，切断电源，锁好开关箱，闭锁梯笼门和围护门。

（19）施工电梯梯笼周围 2.5m 范围内设置稳固的防护栏杆，各楼层平台通道平整牢固，出入口设防护栏杆和防护门。全行程四周不得有危害安全运行的障碍物。

6.5 外挂架的安全管理

（1）安全维护采用操作架（挂架），操作架应与结构又可靠的连接体系，操作架受力应满足计算要求。

（2）脚手架及时与结构拉结以保证搭设过程安全，在每日收工前，检查架体，一定要确保架子稳定。

（3）在搭设过程中应由技术人员、专业工长、安全部门进行检查，验收。在搭设完及提升后分别验收一次，达到设计要求后填写验收合格单并挂合格牌一块。

（4）通过墙上的螺栓孔与脚手架连接，严禁私自拆改。

（5）严格控制施工荷载，脚手板上不得堆料，施工荷载不得大于 $0.8kN/m^2$。

（6）每周定期由技术人员及安全部门检查脚手架，发现问题和隐患，在施工作业前及时维修加固，以达到坚固稳定，确保施工安全。

（7）遇五级以上大风天气，大雨、大雪、大雾等恶劣天气应停止脚手架施工，待恶劣天气结束后应重新对脚手架进行安全检查，排除隐患，上架作业采取防滑措施并清扫积水、积雪。

（8）提升承重挂架时必须 4 人以上操作，作业人员严禁站在架子上随架子提升，提升架子前，应检查确保架子上没有任何可活动的物体。

（9）工具式外架系统采用塔吊升降，在升降前应对外围护架系统做全面检查，解除与邻跨的连接，在塔吊吊钩受力后方可拆除连墙螺栓，进行升降作业。

（10）架体搭设完后，应由技术、安全、生产部门进行检查验收，合格后方可上墙使用。

（11）升降操作时，外围护架应空载，连墙螺栓等零件应妥善保存，操作人员应佩带安全带，安全带应系牢固物体上。

（12）每个单元架体的升降工作必须由一个架子班组完成，不得将未完工作交给下一班组。

（13）外架在吊装时，应严格避免磕碰架体。

（14）架体使用过程中应经常检查各个部件，每天检查一次，并做好记录。

（15）架体及脚手架外侧的防护网应与周边的杆件、安全栏杆绑轧牢固。

（16）施工过程中严格控制施工荷载，不得在外围护架上堆积建筑垃圾、无用物品，不得超载，以保证施工安全。

（17）架子工必须经过专业培训合格且持证上岗，严禁违章操作。施工作业过程中必须佩带安全带，戴好质量合格安全帽。

（18）严禁非架子工拆除架体、脚手架杆件和连墙杆。

（19）防治措施

1）高处坠落

① 外围护架搭设前，对操作人员进行技术交底和安全交底，明确安全操作注意事项，搭设过程中，操作人员必须系好安全带，并穿防滑鞋。安全带应高挂低用，挂安全带之前应看好杆件是否牢固，并与同伴通好气，防止将安全带挂在已松动的杆件上而出现伤亡事故。

② 外围护架搭设完毕后，要按要求挂好立面密目安全网和水平安全网，在作业层满铺脚手板，脚手板伸出小横杆的长度不得大于150mm。

③ 作业层踏板应铺满、铺稳，不得有空隙和探头板，脚手板应设置在3根横向水平杆上。

2）坠物伤人

搭设前对外围护架操作进行安全交底，施工人员要思想集中，传递脚手管、扣件时要防止脱落，同时外围护架搭设过程中，施工区域设置警戒围栏和警示标志，下方严禁站人或进行交叉作业。

3）外围护架倾覆

① 外围护架搭设前，对操作人员进行技术交底和安全交底，

搭设过程中要严格按照交底进行施工，严禁违章作业。

② 外围护架搭设前，要对外围护架进行承载力验算，验算合格后方可搭设。

③ 外围护架搭设前，对所使用的材料进行进场检验，并有质量合格证，合格后方可使用。

④ 对外挂架进行整体稳定性计算，通过计算确定搭设方案。

⑤ 外挂架使用过程中，严禁码放各种料具，严禁人员集中停留。

4）塔吊挂钩问题

外挂架在进行整体吊装前应预先在地面组装位置进行预吊装，重点解决挂钩位置问题。先将架体稍稍吊起，看架体是否有变形，挂钩是否牢靠，待确定无误后，方可进行吊装。应找准挂钩位置，如吊起后架体倾斜过大应将其回落至地面，重新选择挂钩位置，待架体在吊起后没有较大倾斜的情况下再将架体吊装至安装位置，并做出标识，以便下次吊装时找准挂钩位置。

5）架体连墙螺栓问题

如螺丝有松动，应立即对螺栓进行紧固；如螺栓被剪断，应临时固定并立即更换螺栓。

6）遇大风或恶劣天气

遇有五级以上大风或恶劣天气，应立即停止架体的上的一切作业，待大风天气停止后再进行重新检查，检查无误后方可施工作业。

（20）搭设时，扣件拧紧程度要适当，有变形的杆件和不合格的扣件（有裂纹、尺寸不合格、扣接不紧、滑丝等）禁止使用。

（21）搭设时应注意杆件的搭设顺序，及时与结构拉接，以确保搭设过程安全。

（22）架子一经验收投入使用后，严禁擅自更改。

（23）架子验收检查时，与结构连接杆、悬挑支撑固定、插口部分重点检查。

（24）架子拆除严格按拆除要求顺序进行。

参考文献

[1] 中国城市科学研究会绿色建筑与节能专业委员会.建筑工业化典型工程案例汇编.北京：中国建筑工业出版社，2015

[2] 中国建筑标准设计研究院.装配式建筑系列标准应用实施指南（装配式混凝土结构建筑).北京：中国计划出版社，2016

[3] 刘海成，郑勇.装配式剪力墙结构深化设计、构件制作与施工安装技术指南.北京：中国建筑工业出版社，2016

[4] 中建建筑工程施工 BIM 应用指南编委会.建筑工程施工 BIM 应用指南.北京：中国建筑工业出版社，2014

[5] 侯本才，马文文等.建筑工业化深化设计与工程实践.施工技术，2016.10

[6] 李天华，袁永博等.装配式建筑全寿命周期管理中 BIM 与 RFID 的应用.工程管理学报，2012.6（上）

[7] 李浩，李永敢.工业化住宅预制构件深化设计流程及要点分析.施工技术，2011.10（上）

[8] 谷明旺.浅谈建筑工业化技术与经济性的关系［J］.住宅产业，2013（Z1）